发酵简史

漫话

曲霉菌

【日】小野美佐◎著
【日】日本发酵图书工作室◎组编
唐 彬◎译

米曲

纳豆

苏打水

酸奶

腌渍菜

A Brief
History of Fermentation

青岛出版集团 | 青岛出版社

PIE International

图书在版编目（CIP）数据

漫话发酵简史 / (日) 小野美佐著；日本发酵图书工作室组编；唐彬译. — 青岛：青岛出版社，2023.12
ISBN 978-7-5736-1606-7

Ⅰ.①漫…　Ⅱ.①小…②日…③唐…　Ⅲ.①发酵—历史—世界　Ⅳ.①TQ92-091

中国国家版本馆CIP数据核字(2023)第238754号

	MANHUA FAJIAO JIANSHI
书　　名	漫话发酵简史
著　　者	［日］小野美佐
组织编写	［日］日本发酵图书工作室
译　　者	唐　彬
出版发行	青岛出版社
社　　址	青岛市崂山区海尔路182号（266061）
本社网址	http://www.qdpub.com
邮购电话	0532-68068091
策划编辑	周鸿媛
责任编辑	刘　倩　肖　雷
装帧设计	天下书装
照　　排	青岛千叶枫创意设计有限公司
印　　刷	青岛海蓝印刷有限责任公司
出版日期	2024年4月第1版　2024年4月第1次印刷
开　　本	16开（787毫米×1092毫米）
印　　张	11
字　　数	330千
图　　数	926幅
书　　号	ISBN 978-7-5736-1606-7
定　　价	58.00元

编校印装质量、盗版监督服务电话　4006532017　0532-68068050

目录

内容构成：
发酵图书工作室：前言、Chapter1、4
小野美佐：Chapter2、3、5

关于制作本书中发酵食品的提示：
在发酵过程中，食材会随着时间的变化而变化，由于环境、储存条件和处理方式的不同，可能会出现诸如杂菌繁殖以及味道、气味异常等问题。如果您在食用这些配方制作的食品后感到任何不适，请及时就医，风险自负。另外请注意，某些特定的发酵食品不一定适合所有体质的人。

*本书部分内容在出版中文简体版时依照中国的标准进行了变更。

 前言

发酵是什么？

前言 发酵是什么？

小泉武夫是日本研究发酵食品的专家，他在其著作《发酵》的前言中是这样定义"发酵"的：

人们借助酵母菌、霉菌、藻状菌等微生物作用于有机物，使有机物产生甲烷、酒精、有机酸等有机化合物和氢气、氨气、硫化氢等无机化合物的过程。

红酒

奶酪

味噌

酸奶

简而言之

各种各样的原料经过微生物的发酵，最终变成了发酵食品。

大豆 ➡ 微生物发酵 味噌

葡萄 ➡ 微生物发酵 葡萄酒

牛奶 ➡ 微生物发酵 酸奶

微生物是什么?

▷ 微生物都很小,小到用肉眼看不见或看不清的程度。它们的大小一般在1微米~100微米之间。1微米相当于1毫米的千分之一。

▷ 微生物和人类一样,都属于生物。

▷ 因为生物体的生命活动都需要能量,所以人类和微生物等生物都需要摄入一些食物,然后排出代谢产物。

人类摄入食物后将其在体内分解,就能获得能量,而代谢产物则被排出体外。

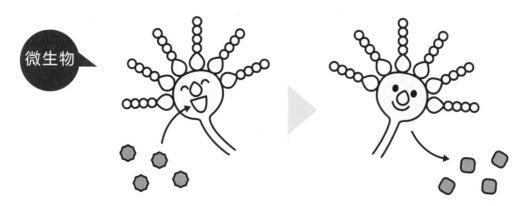

微生物也会分解某些物质,从而获得能量,最终释放代谢产物。

比如……

大豆中的蛋白质经过曲霉菌分解，产生氨基酸等，大豆被制成味噌。

葡萄中的糖分经过酵母分解，产生酒精等，葡萄被制成葡萄酒。

牛奶中的乳糖经过乳酸菌分解，产生乳酸等，牛奶被制成酸奶。

也就是说，发酵的本质是原料中的某些物质被微生物分解，并产生其他新的物质的活动。

顺便说一下……

细菌、霉菌、酵母菌是常见的三种发酵微生物。

种类	举例	一般的直径范围
细菌	乳酸菌、纳豆菌、醋酸菌等	0.5～5微米
酵母菌	面包酵母、葡萄酒酵母、清酒酵母等	5～8微米
霉菌	曲霉菌、根霉菌、毛霉菌、青霉菌、白霉菌等	2～10微米

但是······

食物腐烂也是微生物"捣乱"的结果。

就像······

动物可分为对人类有益的和对人类有害的。

对人类有益的

比如
狗

狗对人类有益，是人类重要的伙伴。

对人类有害的

比如
蚊子

蚊子是对人类有害的昆虫，人被蚊子咬了后会非常痒，甚至还会被传染上疟疾。

同样的······

微生物的活动，也可以分为对人类有益的和对人类有害的。

有益的

比如用发酵方式制作美食，利用发酵的原理保存食物、制作健康食品等。

有害的

比如某些细菌会令食物变质，人吃了以后会中毒等。

文化差异

对于因纽特人来说，基维亚克（用海燕和海豹制成的发酵食品）既美味，又健康。但是对于其他人来说，这无疑是一种令人惊讶的食物。

纳豆对于大多数日本人来说是不可缺少的存在。但对于其他那些没有食用纳豆习惯的国家的人来说，纳豆看上去就像是发臭的大豆。

发酵和冒险家

日本冒险家植村直己喜欢研究基维亚克，日本发酵学者小泉武夫非常崇拜他，在其影响下，小泉武夫成了美食探险家，研究世界各地的美食。

受到饮食文化差异的影响

发酵 和 腐败

两者的界线实际上很模糊

动植物分两类

野生的
- 野生畜类和禽类
- 野生鱼类
- 野生藻类等

人工养殖或种植的
- 家畜、家禽
- 鱼类
- 农作物等

发酵微生物也分为两类

天然的微生物

天然乳酸菌

德国酸菜是利用圆白菜的叶子上附着的天然乳酸菌进行发酵制成的。

自然派葡萄酒

自然派葡萄酒不使用人工培养的酵母菌，而是利用葡萄皮上附着的微生物进行发酵制成的。

人工培养的微生物

人工培养的酵母菌

这种酵母菌是经过人工制造，再作为商品（酵母）被打包出售的。可以制造啤酒、葡萄酒、面包等。

酒曲

酒曲（含有曲霉菌）是中国人酿酒的伟大发明，是古代中国人经过长年累月精选出来的，在日本，它被称作"家畜化的微生物"。

欢迎来到美味的发酵世界!

Chapter 1

世界各地的发酵食品

面包、奶酪、酸奶、葡萄酒、啤酒都是发酵食品，
就连巧克力也是！

面包是什么？

一说到"面包"，大家想到的可能是……

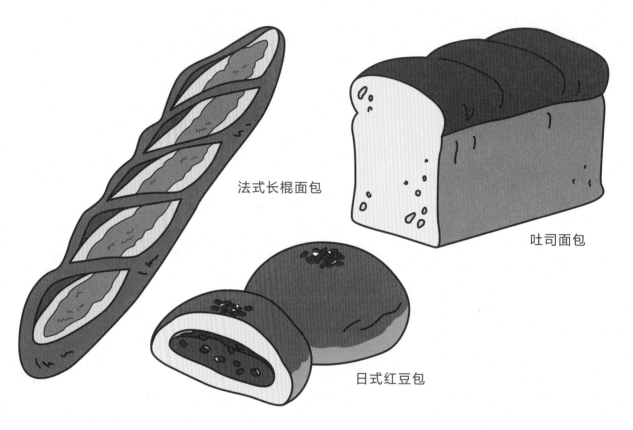

法式长棍面包

吐司面包

日式红豆包

法式长棍面包、吐司面包、日式红豆包的 共同特点

1. 主要原料是小麦粉。
2. 在小麦粉里加水，揉制成面团。
3. 用酵母发酵面团，使其膨胀。
4. 最后经过烘烤制成面包。

但是下面这些也属于"面包"。

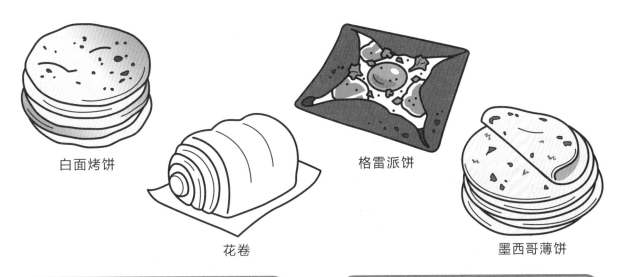

白面烤饼

花卷

格雷派饼

墨西哥薄饼

原料不一定是小麦粉

▷ 墨西哥薄饼的原料是玉米粉。
▷ 法国布列塔尼地区的格雷派饼用的原料是荞麦粉。

不一定要经过发酵

▷ 印度的馕未经发酵。
▷ 墨西哥薄饼也未经发酵。

面包坯用的不一定是面团

▷ 格雷派饼的面包坯用的不是向面粉里加入约占面粉重量50%的水制成的面团,而是面糊(在面粉里加入面粉重量数倍的水制成的具有流动性的面糊)。

不一定要烘烤

▷ 中国的花卷是蒸熟的。
▷ 捷克面包圈是煮熟的。

狭义的"面包"的定义

将小麦粉加水,加入酵母揉制成面团,经发酵后烘焙而成的食品。

广义的"面包"的定义

小麦、玉米、大米、黍子、小米、稗子、荞麦等种子的粉,加入水或奶类、果汁等,经酵母发酵或者不发酵,然后通过烘焙、蒸、炸、煮等方式加工而成的食品。

面包文化

欧洲有句名言："人不能只靠面包活着。"由此可见，在欧洲人看来，面包不仅仅是主食，更是象征着"生存需要的物质食粮"。英语里面的面团（英文写作dough）和面包（英文写作bread）有时还指代金钱。

古代埃及壁画中的面包制作流程。

面包的发源地

面包起源于西亚、北非、欧洲交汇的地带。当时，由于农业得到了发展，所以出现了以小麦等谷类为原料制作的面包和啤酒。

啤酒是液体面包

有人说"啤酒是液体面包"，不仅仅因为制作啤酒使用的原料与制作面包的基本相同（都是用小麦、水、酵母），更是因为面包和啤酒经常成对出现在餐桌上，也就是"像兄弟一样"，两者都是日常生活中常见的食物。

面包和啤酒是兄弟？

啤酒和面包的发酵方式很相似。制作面包、啤酒使用的酵母菌可以分解谷类的糖分，产生二氧化碳和酒精。制作面包的时候，二氧化碳促使面团膨胀，形成面包松软的组织，酒精则会在烘烤时被蒸发掉。啤酒里的酒精被保留下来，而二氧化碳则会变成啤酒中的气泡。

面包师是哲学家

在现代，面包师不只会烤面包。对面包制作懂得多的人，会拥有更丰富的精神内涵和更深刻的哲学思维，也会更积极地参与到社会活动中，性格也大多幽默风趣。这是否与制作面包存在某些联系呢？

在网上可以买到古埃及的面包酵母吗？

在一家贩卖面包酵母的网站上，长期以来出售很多种特别的酵母。其中就有在古埃及吉萨金字塔群附近采集到的面包酵母。用这种酵母做出的面包的味道是否就是人类最初的面包的味道呢？顺便说一下，"金字塔（Pyramid）"的语源是希腊语中的"Pyramis"，表示三角形面包的意思。看一下金字塔的形状就会发现这一说法非常有说服力。

面包图解

酵母菌和乳酸菌

面包坯的发酵过程

在酵母菌、乳酸菌的共同作用下，面包坯会发酵，其中最重要的是酵母菌。面包坯含有淀粉、麦芽糖等各种各样的物质。酵母菌将糖类分解为二氧化碳和酒精后，含有谷蛋白的面包坯会因膨胀而产生无数的气泡。这种状态的面包坯可以烤出口感富有弹性的面包。

面包酵母

面包酵母＝在面包坯里添加的发酵引子。

市售的酵母

分为干酵母和鲜酵母，都是食品企业培养的单一酵母菌，使用方便。

天然酵种

与市售的酵母不同，天然酵种是包括乳酸菌在内的多种菌类共存的发酵剂。世界各地有名的天然酵种有"啤酒花酵种"（英国）、"潘妮托尼酵种"（意大利）、"黑麦酵种"（德国）、"鲁邦酵种"（法国）、"酒种"（日本）、"旧金山酸味酵种"（美国）等。天然酵种也有果实酵种、葡萄干酵种、酸奶酵种等，还有只用面粉和水制作的酵种。

酵母菌和乳酸菌

天然酵种制成的发酵剂中有不少品种会受到乳酸菌影响，尤其是可以产生酸味的"酸面团"酵种。将"酸面团"取出一部分，放一段时间，再加入面粉等，可以用于下一次制作面包坯的发酵。在发酵期间酵母菌产出的酒精和二氧化碳等可以影响杂菌产生，但是乳酸菌却完全不受影响。乳酸菌制造的酸味物质能抑制杂菌的繁殖。最后，面包坯就成了酵母菌和乳酸菌的天下，烤出来的面包便带有酸味了。

关于小麦粉

符合狭义的"面包"概念定义的面包，几乎都是以小麦粉（或者黑麦粉）为主要原料制成的。它们的特点就是在发酵的过程中，利用谷蛋白的黏性包裹住产出的二氧化碳，使得面包坯膨胀起来。小麦含有构成谷蛋白的麦醇溶蛋白（具有黏性）和谷氨酸（具有弹性）。黑麦只有麦醇溶蛋白，所以黑麦粉制作的面包坯没有小麦粉面包坯膨胀得那么厉害，因此黑麦面包有种厚重、粗糙的口感。

符合广义的"面包"概念定义的面包，使用小麦粉和黑麦粉以外的原料来制作的情况不少，那些原料即使经过发酵也很难膨胀起来，为了使口感不那么硬，面包师傅经常把它们做成薄薄的面坯再制作。

Rich类面包和Lean类面包

Rich类面包：指的是除了使用小麦粉、酵母、盐、水等基本原料外，还加入白砂糖、鸡蛋、黄油、牛奶等丰富的食材烘烤而成的面包。加入大量黄油的羊角面包以及奶油面包、丹麦酥皮面包和日式红豆包都属于这一类。

Lean类面包：指的是由四种基本原料——小麦粉（或黑麦粉、玉米粉等）、酵母、盐、水制成的面包。法式长棍面包、法式乡村面包、德国的黑麦面包、奥地利的恺撒面包等都属于这一类。

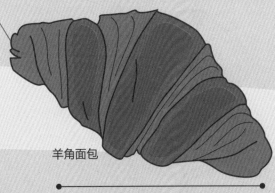

羊角面包

面包芯和面包皮

面包芯：面包的内芯。由于面包的种类繁多以及面包师傅操作手法不同，面包芯也是多种多样的，有轻的、重的、紧实的、充满大气泡的、充满小气泡的等等。另外，面粉的种类和酵母、发酵方式、烘焙方式不同，做出的成品也不一样。

面包皮：面包的外皮。面包种类不同，面包皮也不一样，有厚的、薄的、硬的、软的、酥脆的、发黑的、发白的等等。

法式乡村面包

世界各地的面包 西欧篇

法式长棍面包
国家：法国
类别：Lean类面包
发酵原料：酵母
主要原料：小麦粉
仅用小麦粉、盐、水、酵母做成的棍状面包，是典型的法国面包。

鼻烟盒面包
国家：法国
类别：Lean类面包
发酵原料：酵母
主要原料：小麦粉
以形状命名的面包，它的特征是有酥脆的"盒盖"和松软的"盒体"。

布里欧修
国家：法国
类别：Rich类面包
发酵原料：酵母
主要原料：小麦粉
这款面包起源于诺曼底。上方顶着小球的不倒翁形状是其经典造型。

夏巴塔
国家：意大利
类别：Lean类面包
发酵原料：酵母
主要原料：小麦粉
这款面包发源于伦巴第。相当于意式三明治，口感有嚼劲。

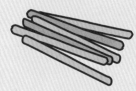

格里西尼面包棒
国家：意大利
类别：Lean类面包
发酵原料：酵母
主要原料：小麦粉
这款面包发源于都灵。呈细长的棒状，咸口，也可以卷上生火腿吃。

白面包
国家：德国
类别：Lean类面包
发酵原料：酵母
主要原料：小麦粉
用德国传统的小麦粉制作的面包。烘焙时可以撒上芝麻。

黑森林面包
国家：德国
类别：Lean类面包
发酵原料：酵母、酸面团
主要原料：小麦粉、黑麦粉
德国黑森林地区的特产，它的外皮是涂上黑森林蜂蜜烘焙而成的。

麦穗面包
国家：法国
类别：Lean类面包
发酵原料：酵母
主要原料：小麦粉
用法式长棍面包的面包坯制成的"麦穗"状的面包。还可以加入培根和芝士一起制作。

法式乡村面包
国家：法国
类别：Lean类面包
发酵原料：酵母、鲁邦酵种
主要原料：小麦粉
鲁邦酵种带有很大的酸味，可以增加面包的风味。

羊角面包
国家：法国
类别：Rich类面包
发酵原料：酵母
主要原料：小麦粉
这款面包加入了大量的黄油，成品酥脆可口，是法国人的传统早点。

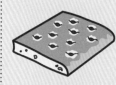

佛卡夏
国家：意大利
类别：Lean类面包
发酵原料：酵母
主要原料：小麦粉
涂上橄榄油烘焙而成的扁面包，咸口。有人说它是比萨的原型。

潘妮托尼
国家：意大利
类别：Rich类面包
发酵原料：酵母、潘妮托尼酵种
主要原料：小麦粉
起源于米兰。在面包坯里添加了鸡蛋、黄油、白砂糖、各种水果干。

普雷结
国家：德国
类别：Lean类面包
发酵原料：酵母
主要原料：小麦粉
德国面包店的标志性面包。浸蘸碱水后烘焙，表皮会呈现褐色光泽。

罗根黑麦面包
国家：德国
类别：Lean类面包
发酵原料：酸面团酵种
主要原料：黑麦粉
使用100%纯黑麦粉和酸面团酵种制成，酸味浓，口感绵密柔软。

粗黑麦面包

国家：德国
类别：Lean类面包
发酵原料：酸面团酵种、面包酵母
主要原料：黑麦粉
德国传统的黑面包，用黑麦粒制成，酸味不太浓。

长条面包

国家：德国
类别：Rich类面包
发酵原料：酵母
主要原料：小麦粉
可以将连在一起的长条面包掰下来吃。其中添加了白砂糖、黄油、鸡蛋等，口感很丰富。

史多伦

国家：德国
类别：Rich类面包
发酵原料：酵母
主要原料：小麦粉
是一款在欧洲流行了数百年的传统面包，其中含有大量的水果干。

考恩杂粮面包

国家：奥地利
类别：Lean类面包
发酵原料：酵母
主要原料：小麦粉
奥地利的代表面包。其表面的花纹很有特色，有的会在表面撒上芝麻。

瑞士辫子面包

国家：瑞士
类别：Rich类面包
发酵原料：酵母
主要原料：小麦粉
将面包坯编成辫子形状制成的，据说是瑞士的面包师傅发明的。

司康面包

国家：英国
类别：Lean类面包
发酵原料：无发酵原料或泡打粉
主要原料：小麦粉
这款面包起源于苏格兰，可以夹入果酱和奶油作为下午茶来享用。

吉事果

国家：西班牙
类别：Rich类面包
发酵原料：无发酵
主要原料：小麦粉
棒状的油炸面包，起源于西班牙。在日本被称为拉丁果，很受欢迎。

古柯比萨

国家：西班牙
类别：Lean类面包
发酵原料：酵母
主要原料：小麦粉
将食材放在扁平的面包上食用的西班牙风比萨。

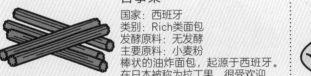

知识角 **烘烤后的微生物"复活"**

池田浩明的著作中提到，"怪兽屋"面包店的店主桥本宣之曾告诉他："为酵母打造最舒适的环境，并'宠爱'它们，当它们变得最为活跃的一瞬间，放入烤箱烘烤。"这句话精确地概括了面包这一发酵食品的制作过程，"烤面包"确实让微生物的活动突然停止了。但是，带酸味的酸面包烘焙后保存时，酸味会持续增加。这是为什么呢？美国的发酵专家桑多尔·卡茨在其著作中提到"烘烤后的微生物会复活"，他写道："可能是因为酸面团发酵菌（乳酸菌等）的基因被新的活细菌利用，不停地将碳水化合物代谢成乳酸。"还有很多面包和微生物之间的不可思议之处，值得我们探究。

思考一下：烘烤后的面包内还存在活的微生物吗？

世界各地的面包 北欧 东欧 南北美洲篇

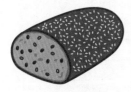

多谷物面包
国家：丹麦
类别：Lean类面包
发酵原料：酵母
主要原料：小麦精粉、全麦粉、黑麦粉
它的名字在当地语言中意为"三种谷物面包"。它是在三种谷物粉制成的面包坯中添加芝麻制成的。

罂粟籽面包（Tebirkes）
国家：丹麦
类别：Rich类面包
发酵原料：酵母
主要原料：小麦粉
丹麦酥皮饼的代表面包。"Te"指的是"茶"，"birkes"指的是罂粟籽。

哥本哈根面包
国家：丹麦
类别：Rich类面包
发酵原料：酵母
主要原料：小麦粉
这是一款加入黄油的口感酥脆的丹麦面包。有的还会加入核桃仁、葡萄干。

卡累利阿派
国家：芬兰
类别：Lean类面包
发酵原料：无发酵
主要原料：黑麦粉
用黑麦粉做成无发酵面包薄坯，中间加入米饭或者土豆泥烘烤而成。

黑面包
国家：俄罗斯
类别：Lean类面包
发酵原料：酵母、酸面团
主要原料：黑麦粉、小麦粉、荞麦粉
用粗磨的黑麦粉添加小麦粉和荞麦粉制成。涂上斯美塔那酸奶油一起食用很美味。

捷克饺子
国家：捷克
类别：Lean类面包
发酵原料：酵母
主要原料：小麦粉
这是一款少见的煮制的"面包"。由于未经烘烤，因此没有焦化的表皮，口感黏糯。

丹麦黄油面包（Smor Birkes）
国家：丹麦
类别：Rich类面包
发酵原料：酵母
主要原料：小麦粉
这款面包表面撒有谷物颗粒，添加了黄油，更具风味，还带有羊角面包般酥脆的口感。

斯莫凯尔面包（Smor Kager）
国家：丹麦
类别：Rich类面包
发酵原料：酵母
主要原料：小麦粉
这是一款添加了蛋奶糊和朗姆酒渍葡萄干的酥皮糕点。可撒上糖霜食用。

黑麦面包（Luis Limppu）
国家：芬兰
类别：Lean类面包
发酵原料：酸面团、面包酵母
主要原料：黑麦粉
质地厚重，有分量，口感上有嚼劲。芬兰有种类繁多的黑麦面包。

皮罗什基
国家：俄罗斯
类别：Rich类面包
发酵原料：酵母
主要原料：小麦粉
把肉和蔬菜等馅料用面包坯包裹起来，烘烤而成。

兰戈斯（Lángos）
国家：匈牙利
类别：Rich类面包
发酵原料：酵母
主要原料：小麦粉
它是将加入了土豆和酸奶的发面饼皮油炸而制成的，表面可以放各种配料。

班尼萨（Banitsa）
国家：保加利亚
类别：Rich类面包
发酵原料：无发酵
主要原料：小麦粉
将奶酪放入薄的酥皮面团中，搓成长条，然后盘成螺旋状烘烤而成。

百吉圈（Bagel）

国家：美国
类别：Lean类面包
发酵原料：酵母
主要原料：小麦粉
煮制的面包坯经过烘烤形成独特的口感。据说是犹太人把它带到纽约的。

玛芬

国家：美国
类别：Rich类面包
发酵原料：无发酵或泡打粉
主要原料：小麦粉
一款很受欢迎的糕点，用泡打粉使面糊膨胀后，放入纸杯模具中做成纸杯蛋糕形状。

旧金山酸面包

国家：美国
类别：Lean类面包
发酵原料：酸面团
主要原料：小麦粉
旧金山特产。它以独特的酸味闻名于世，这种酸味源于旧金山特有的一种发酵剂。

汉堡包

国家：美国
类别：Rich类面包
发酵原料：酵母
主要原料：小麦粉
将柔软的圆形面包切成两半，夹入各种食材做成汉堡包。

墨西哥薄饼

国家：墨西哥
类别：Lean类面包
发酵原料：无发酵
主要原料：玉米粉、小麦粉
正宗的墨西哥薄饼是用玉米粉"马萨"制作的。卷入各种馅料就成了墨西哥卷饼。

墨西哥面包

国家：墨西哥
类别：Rich类面包
发酵原料：酵母
主要原料：小麦粉
在墨西哥传统节日时常吃的一种食物，有的会添加橙皮。

奶酪面包

国家：巴西
类别：Rich类面包球
发酵原料：无发酵
主要原料：木薯粉
这款面包源自巴西米纳斯吉拉斯州。它有乒乓球般大小，是软糯香甜的奶酪味的经典零食。

阿瑞巴玉米饼

国家：哥伦比亚、委内瑞拉
类别：Lean类面包
发酵原料：无发酵
主要原料：玉米粉
扁扁的圆形饼坯经过烤或煎制而成。还可以添加鸡蛋、肉和奶酪等馅料食用。

 知识角

无酵节

　　在中东地区某些地方有一种传统的无酵节，在这个节日期间，当地人都不吃发酵的面包。无酵面包也被称为"无酵饼"，由于未发酵，因此不会膨胀，它的形状是扁平的，看起来像饼干。因为没有添加盐，所以它的味道很一般。由于它是重要的节日食品，因此也可以从市场上买到。不过，这里为什么会有吃无酵面包的传统呢？据说，古时候，这里的人逃离灾难时非常紧急，以至于他们没有时间做发酵面包，为了纪念这段历史，当地人就保留了吃无酵面包的传统。无酵节的时候，除了无酵面包，煮鸡蛋和苦菜也会被摆上餐桌。

无酵面包

世界各地的面包 非洲 中东 亚洲篇

英吉拉
国家：埃塞俄比亚
类别：Lean类面包
发酵原料：自然发酵
主要原料：苔麸粉
苔麸是一种禾本科谷物。将苔麸粉自然发酵成薄饼状，成品会带有气泡和独特的酸味。

芭芭丽
国家：伊朗
类别：Lean类面包
发酵原料：酵母
主要原料：小麦粉
这是一款扁平的、椭圆形的伊朗早餐面包。有时也会被做成非常大的尺寸。

土耳其比萨
国家：土耳其
类别：Lean类面包
发酵原料：酵母
主要原料：小麦粉
据说是比萨的原型，可以搭配各种配料食用。

叙利亚面包（Shammy）
国家：叙利亚
类别：Lean类面包
发酵原料：酵母
主要原料：小麦粉
它和皮塔饼很相似，因为是口袋形状的，所以也叫"口袋面包"。

馕
国家：印度
类别：Lean类面包
发酵原料：酵母、泡打粉
主要原料：小麦粉
一款在印度及一些亚洲国家都能吃到的美食，很多印度风味的餐厅都会结合当地风味对馕进行改造。

印度恰巴提薄饼
国家：印度
类别：Lean类面包
发酵原料：无发酵
主要原料：全麦粉
它是一种将全麦面团揉成又薄又圆的饼坯，然后烘烤而成的家常主食。

帕拉塔抛饼
国家：印度
类别：Rich类面包
发酵原料：无发酵
主要原料：小麦粉
将酥油揉入小麦粉中压成扁平状面坯，然后烘烤而成，也可以包入蔬菜等配料。

多萨饼
国家：印度
类别：Lean类面包
发酵原料：自然发酵
主要原料：大米粉、黑豆粉
将原料浸泡后制成糊状，自然发酵后做成可丽饼状，烘烤后卷起来食用即可。

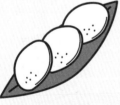

印度米豆蒸糕
国家：印度
类别：Lean类面包
发酵原料：自然发酵
主要原料：大米粉、黑豆粉
将原料浸泡后制成糊状，自然发酵后装入模具中蒸熟。这款美食起源于印度南部。

炸豆饼
国家：印度
类别：Rich类面包
发酵原料：无发酵
主要原料：黑豆粉
将黑豆粉制成甜甜圈状的饼坯，然后油炸而成。也有在其中添加许多配料的吃法。

越式法包
国家：越南
类别：Lean类面包
发酵原料：酵母
主要原料：小麦粉
一般指越式法棍三明治，有时也单指不加馅料的面包本身。

西藏面饼
国家：中国
类别：Lean类面包
发酵原料：酵母、泡打粉
主要原料：全麦粉
一种简单的面包，将全麦面团揉制成像煎饼一样的面包坯，平整地烘烤而成。

花卷
国家：中国
类别：Lean类面包
发酵原料：酵母
主要原料：小麦粉
在擀开的面皮表面涂上芝麻油，然后卷起来，放入蒸笼里蒸熟。

马拉糕
国家：中国
类别：Rich类面包
发酵原料：无发酵或泡打粉
主要原料：小麦粉
中国南方的一款蒸糕，加入鸡蛋和红糖制成。

葱油饼
国家：中国
类别：Rich类面包
发酵原料：无发酵
主要原料：小麦粉
将油和葱花揉入用小麦粉制作的面团里，揉制成圆盘状后烤熟。

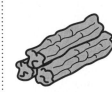

油条
国家：中国
类别：Rich类面包
发酵原料：酵母、泡打粉
主要原料：小麦粉
中国的传统小吃，是一种棒状油炸面食。它内里蓬松，外皮酥脆，搭配粥或者豆浆等一起食用。

荷叶饼
国家：中国
类别：Rich类面包
发酵原料：酵母、泡打粉
主要原料：小麦粉
将面饼做成对折的状态，然后蒸熟，也可以夹上肉等馅料。

吐司面包
国家：日本
类别：Lean类面包
发酵原料：酵母
主要原料：小麦粉
日本最普通的面包，用来做吐司片或者三明治。

日式红豆包
国家：日本
类别：Rich类面包
发酵原料：酵母
主要原料：小麦粉
日本明治七年，由木村屋总店出品，后来成为热卖商品。这款面包在亚洲很多国家都得到了普及。

咖喱面包
国家：日本
类别：Rich类面包
发酵原料：酵母
主要原料：小麦粉
这款面包的起源有多种说法，据说它还受到了油炸面包的启发。

知识角 ## 粉食文化和粒食文化

　　谷物的食用方法大致可分为两种：一种是将谷物磨成粉，加工成面包、面条等食物的"粉食"方法；另一种是不经研磨直接食用的"粒食"方法。粗略地说，欧亚大陆的东部是"粒食地区"，而西部则可以看作"粉食地区"。在土地广阔的中国和印度，"粉食"和"粒食"的饮食方式都能见到。中国北方地区以饼、面条、馒头、包子、饺子等"粉食"为主，而南方地区则以米饭为主食。印度饮食给人留下了"用馕配着咖喱吃"的刻板印象，但实际上馕只是印度北方地区饮食文化的一部分。如果在印度南部，那里的菜单一般都是以"Meals（定食）"为主的米饭类套餐。但是，印度南部也有被称为"Tiffins（轻食）"的"粉食"类面包，因此不能一概而论地认为印度南部都是"粒食"地区。

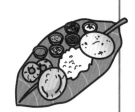

南印度的"Meals"是以大米为主的套餐。

发酵乳的基础知识

发酵乳是什么？

原料乳在乳酸菌、酵母和霉菌等微生物的共同作用下发酵而成的乳制品。

乳

可以来自羊、牛、马、骆驼、牦牛等。

微生物和酶的作用

发酵黄油

奶酪

奶酒

乳酸菌饮料

酸奶

发酵乳——最古老的发酵食品之一

有人说发酵乳是挤好的奶里面偶然混入了微生物而诞生的。人类的畜牧业开始于公元前10000年到公元前8000年，是否从那时起就出现发酵乳了呢？

营养丰富的奶容易发酵。

发酵乳的古代史

公元前5500年左右

在波兰，考古学家发现了公元前5500年左右的有关奶酪制作的文物。

公元前4000～公元前3000年

在公元前4000年左右的古埃及的壁画上，描绘了制造奶酪的方法。

公元前3000～公元前2000年

在印度，公元前3000年左右创作的《吠陀赞歌》里就提到了奶酪。此外，在公元前2000年左右，印度的经书里记载了发酵黄油的制作方法。

公元前36年左右

罗马帝国时代，奶酪制作已经成了非常重要的产业，并且奶酪的详细制作方法也被记录了下来。

乳酸菌是什么？

乳酸菌是能分解碳水化合物（糖类）产生大量乳酸的一类细菌的总称。乳酸菌在自然界分布极为广泛，到目前为止人们共发现了400多种乳酸菌。

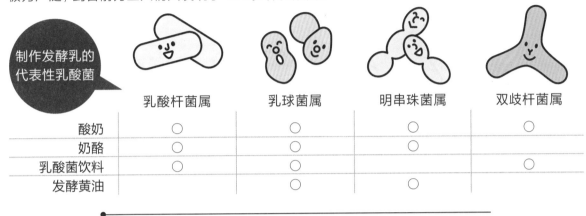

制作发酵乳的代表性乳酸菌	乳酸杆菌属	乳球菌属	明串珠菌属	双歧杆菌属
酸奶	○	○	○	○
奶酪	○	○	○	
乳酸菌饮料	○	○		○
发酵黄油		○	○	

发酵黄油

发酵黄油的历史也很悠久。最早出现的关于发酵黄油的文字记载，是在公元前2000年左右的印度的经书中。黄油是把鲜奶加以搅拌之后分离出来的脂肪部分。古代因为没有阻止乳制品发酵的技术，所以只能制作出发酵黄油。阻止乳制品发酵的技术诞生后，就有了未经发酵的黄油，现在市面出售的大多都是未经发酵的黄油。

世界各地的发酵黄油

印度酥油

传统方法是将鲜奶加热，发酵制成酸奶，搅拌后分离出脂肪。

搅拌酸奶，使固体和液体分离。

得到的液体为白脱牛奶，是最早的乳酪饮料"拉西"。

进一步加热发酵过的白脱牛奶，分离出来的凝乳状制品就是奶豆腐。

得到的固体是印度发酵黄油。

将其加热去除杂物后就成了印度酥油。

动物的奶可以用来制作各种各样的发酵乳。世界各地使用着类似的制作方法。

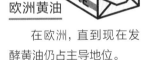

欧洲黄油

在欧洲，直到现在发酵黄油仍占主导地位。

土耳其黄油（Tereyag）

用牛、羊等的奶制作成的酸奶搅拌而成。

不丹黄油（Mar）

搅拌发酵过的牛奶或者牦牛奶得到的脂肪部分，是不丹国民饮料黄油茶的原材料。

酸奶

以鲜奶为原料，用乳酸菌发酵形成的一种发酵乳，俗称酸奶。世界上被称作酸奶的奶制品有400多种，从古代开始就深受人们的喜爱。

酸奶的形成原理

这样，就形成了带酸味的、有浓稠感的糊状的酸奶！

| 鲜奶里面富含乳酸菌。 | 乳酸菌吸收乳糖，生成带酸味的乳酸。 | 乳酸作用于乳蛋白里的酪蛋白胶粒。 | 释放出磷酸钙，从而使酪蛋白胶粒的稳定性下降，酪蛋白发生凝固、沉淀。 |

世界各地的代表性酸奶

亚洲西部和非洲

土耳其

据说"酸奶"一词来源于8世纪左右古代土耳其人使用的"Yogurut"一词。咸味酸奶Ayran是土耳其的国民饮料。

咸味酸奶是用1比1的纯酸奶和盐水（浓度大约为1%）搅拌而成的。也可以在搅拌酸奶后分离出来的白脱牛奶里面加入盐制成，深受大众的喜爱。

北非

埃及等阿拉伯国家主要使用水牛的奶来制作酸奶Zabady。

东非

肯尼亚的马萨伊族等部族从很久以前就开始食用Maziwa Lala酸奶。它是用火棒在葫芦内部搅动来进行消毒的，然后在葫芦中装满奶使之发酵。

成品Maziwa Lala发酵乳里含有灰分，也有市售产品。

亚洲其他地区

印度及其周边

印度、尼泊尔、巴基斯坦、孟加拉国的人们吃的是Curd酸奶。传统做法是将牛奶放进陶罐里，然后放入前一天的酸奶进行发酵。

蒙古国

蒙古人将牛、牦牛、山羊、骆驼等动物的奶进行加热脱脂，然后用"Hurunge（一种发酵菌的种菌）"发酵，制成酸奶。

牧民在蒙古包中使用各种各样的器具来制作发酵乳。

中国

新疆维吾尔自治区有一种黏稠度高的生酵酸奶。

印度尼西亚

苏门答腊岛传统的发酵乳Dadih是在竹筒里放入水牛奶，用香蕉叶盖住，放置大约2天做成的。

注：第24页、25页出现的酸奶品种的单词是当地人对它的称呼，无实义。

东欧

保加利亚

大约在公元前4000年保加利亚就有了制作发酵乳的记录。用山羊、水牛的奶制成的Kiselo Mlyako酸奶是国民饮品。将其兑水制成的咸味饮品Ayryan，跟邻国土耳其的Ayran很像。

传统的Kiselo Mlyako酸奶是使用陶罐制作的。这种容器可以吸收多余的水分而增加酸奶的浓度。

伊利亚·伊里奇·梅契尼科夫博士
（1845～1916）

梅契尼科夫博士是俄罗斯的微生物和免疫学家，曾获得诺贝尔生理学或医学奖。他发现保加利亚人长寿的原因可能是经常吃酸奶，于是他也开始吃酸奶并向别人推荐，由此酸奶和乳酸菌饮料开始流行。

原南斯拉夫地区

这里的纯酸奶有Kiselo Mleko，也有Jimne、Versa等像希腊酸奶一样去除乳清的浓缩发酵乳。

俄罗斯及其周边

高加索地区

这里有用开菲尔粒发酵剂制作的、有黏性且含少量酒精的开菲尔酸奶。

开菲尔粒

乌克兰

乌克兰人用95℃的高温，将牛奶加热2～3小时，然后发酵，制成褐色的、带有焦糖风味的Ryazhenka酸乳饮料。

北欧

芬兰

这里有一种如泥浆般黏稠的Viili酸奶，之所以黏稠是因为还有其他的菌类起作用。如果用当地人的方法制作的话，奶中就会产生白霉菌。

Viili酸奶质地黏稠。

冰岛

在10世纪前就有了Skyr酸奶。以脱脂牛奶为原料，利用乳酸菌和凝乳酵素使其凝固，然后装入袋子中，过滤乳清后得到浓厚的酸奶。

丹麦

代表性发酵乳是Ymer酸奶。将发酵过的牛奶去除乳清而成。

其他欧洲国家

希腊

希腊人称酸奶为"Yogurt"，浓厚的"Greek Yogurt（希腊酸奶）"已经风靡全世界。

法国

法国的布列塔尼地区有用不杀菌的全脂牛奶制成的浓厚口感的Grolet酸奶，还有用脱脂牛奶发酵制成的饮料Lait Ribot。

口感清爽的Lait Ribot经常被用来搭配格雷派饼食用。

奶酪

鲜奶经过乳酸菌、酵母、霉菌、短杆菌、丙酸杆菌等多种多样的微生物发酵可以制成奶酪，其风味和口感丰富多样。据说全世界有 1000 多种奶酪。

天然奶酪的基本制作过程

牛奶加热杀菌

可使用低温长时杀菌法（63℃，30分钟）或者高温短时杀菌法（72℃以上，15秒左右）

添加乳酸菌发酵剂

生成乳酸，促进凝乳的产生，还可以降低pH值，抑制有害菌的活动。

添加凝乳酶

利用从小牛的胃里提取出的凝乳酶使牛奶固化。当然也有添加乳酸、醋酸、柠檬酸，然后加热使之凝固的方法。

奶酪的分类和微生物

天然奶酪 因为使用的细菌和霉菌等都是活的，所以熟成度变化，口味也会发生变化。	熟成型	软奶酪	白霉奶酪：利用表面白霉菌的繁殖而熟成。	卡蒙贝尔奶酪、布里奶酪、纳沙泰尔奶酪（法国）
			水洗奶酪：短杆菌使之带有独特的风味。	芒斯特奶酪、艾帕歇丝奶酪（法国）、蒙多尔奶酪（法国、瑞士）、塔雷吉欧奶酪（意大利）
			山羊奶酪	瓦郎塞、巴农奶酪、沙维翁哥洛亭奶酪（法国）
		蓝纹奶酪：利用青霉菌的繁殖而熟成		洛克福奶酪（法国）、戈贡佐拉奶酪（意大利）、斯蒂尔顿奶酪（英国）
大部分奶酪制品都会使用乳酸菌发酵剂。		中硬和硬质奶酪	有"奶酪大孔"的奶酪 丙酸杆菌在奶酪内部形成了"奶酪大孔"。	埃曼塔尔奶酪（瑞士）、马斯丹奶酪（荷兰）、亚尔斯堡奶酪（挪威） ★关于奶酪大孔的形成，还有其他不同的说法。
			其他的中硬、硬质奶酪	米莫莱特奶酪、孔泰奶酪（法国）、高达奶酪（荷兰）切达奶酪（英国）、帕尔玛奶酪（意大利）
再制奶酪 将天然奶酪经过高温加热而成，发酵熟成过程已经停止。口感稳定，易保存。	未熟成型	新鲜奶酪		茅屋奶酪（荷兰）、马苏里拉奶酪（意大利）、夸克奶酪（德国）、菲达奶酪（希腊）
				以乳清、牛奶和奶油为原料的奶酪→里科塔奶酪（意大利）

▶▶▶ 将多种天然奶酪研磨成粉后混合，经高温软化，待冷却凝固成形后进行包装。可以制成三角形、薄片形等各种不同形状。

 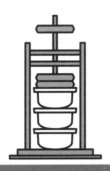 

切割凝乳、去除乳清	装模、压榨	加盐、熟成	→ 完成
通过用专门的工具切割凝乳，促进乳清和凝乳的分离，便于去除乳清。	将凝乳放入模具中，进一步挤压乳清，从模具中取出后就制成了鲜奶酪。	鲜奶酪在成形之后还要加入盐，添加霉菌等微生物，或者用盐水洗（制作水洗型奶酪），放置一段时间熟成。	

利用霉菌、细菌发酵而熟成的各种天然奶酪

帕尔玛奶酪

有着近800年历史的"奶酪之王"。用盐水浸泡并历经1年以上的时间发酵而成，发酵期间经过乳酸菌及其他菌的作用，风味逐渐浓郁，最后形成超硬质的奶酪。

芒斯特奶酪

用盐水冲洗表面，以短杆菌制成的水洗奶酪。短杆菌和纳豆菌一样有很强的臭味，随着发酵奶酪还会产生黏性。

洛克福尔奶酪

具有2000多年历史的山羊奶酪。奶添加青霉菌后装入模具中，待凝固成形后脱模，开一些便于青霉菌生长的小孔，使其熟成。成品味道很浓烈。

布里奶酪

使奶酪表面白霉菌繁殖，从而熟成。据说拥有1000年以上的历史，有名的卡蒙贝尔奶酪就是从它演变而来的。

北京的奶酪甜点

在中国清代的宫廷美食中，有很多使用牛奶制成的菜肴和甜点。其中有一些流传到寻常百姓家，成为非常流行的北京小吃。

宫廷奶酪

颇具宫廷风味的口感，可以说是牛奶和大米发酵的结晶。

制作方法：先使用糯米加根霉菌来制成甜酒（也叫酒酿、米酒）。加热牛奶，按个人喜好加入适量的糖，冷却。过滤出酒酿汁，将牛奶量1/3～1/2的酒酿汁水加入牛奶中搅拌均匀，静置1小时后，蒸大约20分钟。另外，还有加醋的做法。

其他奶酪甜点

奶酪卷：用奶酪卷着红豆馅、芝麻馅、山楂馅等制成的点心。

奶酪干：将奶酪晾干制成的点心，带有软糖那样的口感。

酒和人类文明

酒是人类文明的瑰宝，世界各地都有与当地气候、风土及文化相适应的酒。毋庸置疑，酒里含有酒精，能让人沉醉，而正是发酵才产生了酒精。

糖类发酵后得到酒精

想要通过发酵获得酒精（也叫乙醇，酒的主要成分），糖类是必不可少的。酵母分解糖类，生成乙醇和二氧化碳。世界上各种各样的酒是用不同的原料制成的，但原料里的糖类发酵后得到酒精这一过程却是所有酒的共同之处。

$$C_6H_{12}O_6 \xrightarrow{\text{酵母}\atop\text{发酵}} 2C_2H_5OH + 2CO_2$$

果糖 — 乙醇 + 二氧化碳

世界各地的酒

各个国家都有自己具有代表性的酒，有的还会因为某种酒而闻名于世界。

日本的清酒　　英国的威士忌　　德国的啤酒　　法国的葡萄酒

世界各地的酒文化

酒精带来的酩酊状态和陶醉感可以使人们从日常生活中超脱出来。因此，在世界各地的酒文化里，酒和神、宗教都有着紧密的联系。希腊神话里就有酒神狄俄尼索斯。酒文化不同，人们对酒的看法也不同。

酒的分类

葡萄酒（单式发酵）、啤酒（单行复式发酵）、日本清酒（并行复式发酵）是经不同的发酵方式制造的。

单式发酵

葡萄酒、苹果酒、蜂蜜酒等是使用水果和蜂蜜等含糖的原料，直接加入酵母使其发酵，得到酒精而制成的。

单行复式发酵

啤酒是将麦子中的淀粉酶糖化后，再添加酵母进行发酵而制得酒精做成的。

并行复式发酵

日本清酒是采用酒曲使大米中的淀粉糖化和添加酵母发酵做成的，使用的是两个工序同时进行的酿酒方法。

蒸馏酒

威士忌是使用蒸馏设备进行蒸馏后制成的。

蒸馏酒是将酿造酒进行蒸馏，提高酒精浓度制成的，适合长期保存，也可使用木桶来进行催熟。烧酒、威士忌、白兰地、伏特加、杜松子酒、朗姆酒等都是蒸馏酒。

混合酒

加入了苦艾而制成的酒是苦艾酒。梅酒是日本混合酒的代表。

在酿造酒或蒸馏酒里面加入草药、香辛料、甜味剂等制成的酒。梅酒、苦艾酒、利口酒等都属于混合酒。

葡萄酒的基础知识

按照国际葡萄与葡萄酒组织（OIV）制定的有关葡萄酒的规定，葡萄酒指的是将新鲜的葡萄果实（破碎的或未破碎的）或葡萄汁经完全或部分发酵后获得的酒精饮料，其酒精浓度不能低于8.5%。

葡萄酒的种类

红葡萄酒

用葡萄（包括果汁、果皮、果核）浸渍发酵而成。果皮和果核使酒色发红，单宁酸带来独特的涩味。

白葡萄酒

主要用白葡萄的果汁发酵而成。

桃红葡萄酒

将红葡萄通过以下两种方法制成。放血法：跟酿红葡萄酒一样，连汁带皮一起浸渍，但发酵时间短。直接压榨法：将压榨出的葡萄汁进行发酵。

橙色葡萄酒

用白葡萄的果汁、果皮、果核一起发酵而成。即将白葡萄采用红葡萄酒的制作方法酿造。虽然近年来很流行这种方法，但其实在格鲁吉亚等地一直沿袭着这种传统的制作方法。

起泡葡萄酒

红葡萄酒、白葡萄酒、橙色葡萄酒、桃红葡萄酒都被归到"无泡葡萄酒"这一大类里，与之相对应的则是因含有二氧化碳而起泡的"起泡葡萄酒"。起泡方法分为瓶内二次发酵起泡的传统方法和人工添加二氧化碳的方法。法国的香槟酒、意大利的苏打白葡萄酒、西班牙的卡瓦酒等都是起泡葡萄酒。

甜葡萄酒

用烂熟的葡萄酿造的法国的苏玳甜葡萄酒、用冰冻的葡萄酿造的德国的冰葡萄酒、用葡萄干酿造的法国汝拉产区的麦秆葡萄酒和意大利的帕赛托甜葡萄酒、用晚熟的葡萄酿造的德国迟摘葡萄酒等都是含糖度很高的甜葡萄酒。

强化葡萄酒

也叫酒精加强型葡萄酒，是在发酵没有结束前添加蒸馏酒来加强酒精度的葡萄酒。例如西班牙的雪莉酒和葡萄牙的波特酒、马德拉酒等。

加香葡萄酒

在葡萄酒里添加香草和水果等制成的有独特风味的葡萄酒。比如意大利的味美思酒和西班牙的桑格利亚酒等。

葡萄酒的产地

法国

法国的葡萄酒产地以波尔多和勃艮第为中心，包括香槟省、卢瓦尔等在内，基本上法国全国都是葡萄酒产地。葡萄品种有国际品种赤霞珠、墨尔乐、西拉、黑皮诺、霞多丽、长相思、威士莲等，以及很多本土葡萄品种。1935年颁布的原产地名称保护制度（AOC）规定了只有在生产地、葡萄的品种、栽培法、酿造法、酒精度数等方面都符合要求的，才可以命名为法国葡萄酒。

意大利

著名的葡萄酒产地有托斯卡纳和皮埃蒙特等。葡萄品种除了国际品种外，还有桑娇维塞、巴贝拉、内比奥罗、特雷比奥罗、灰皮诺等本土葡萄品种。原产地名称保护制度（DOC）是1963年制定的。

西班牙

著名的葡萄酒产地有里奥哈、加泰罗尼亚等。栽培丹魄、格伦纳什等多种葡萄。原产地名称保护制度的标志为DO。

美国

加利福利亚的纳帕谷、索诺玛、帕索罗布尔斯、圣塔芭芭拉为主要的葡萄酒产地。纳帕谷盛产赤霞珠葡萄，索诺玛盛产黑皮诺葡萄。

澳大利亚

以南澳大利亚州的巴罗萨谷为中心，新南威尔士州、维多利亚州等都是葡萄酒的代表产地。其原产地名称保护制度（GI）并没有法国的AOC和意大利的DOC规定的那么严格。

日本

主要的葡萄酒产地是北海道、山形县、山梨县、长野县。除了国际品种外，日本本土的葡萄品种有甲州（白葡萄酒用）和贝利麝香A（红葡萄酒用）。有关葡萄酒的法律也在进一步完善，比如2018年颁布的《日本葡萄酒法》规定了只有使用日本当地葡萄的才可以标"日本葡萄酒"。

阿根廷

阿根廷和智利是南美洲的主要葡萄酒生产国。葡萄酒的主要产区是门多萨省、圣胡安省和拉里奥哈省。酿造红葡萄酒用的马尔贝克葡萄和酿造白葡萄酒用的多伦特葡萄都很有名。

智利

19世纪葡萄根瘤蚜爆发危机席卷欧洲的葡萄园，而智利的葡萄园幸免于难。因此那些失去了葡萄园的欧洲葡萄酒商纷纷迁至南美洲，智利的葡萄酒业也由此萌芽。20世纪，智利作为"新世界葡萄酒"产地之一而闻名于世。

南非

南非三大著名的葡萄酒产地是斯特兰德、弗朗斯胡克、帕尔。原产地名称保护制度的标志是WO。

中国

近年来作为葡萄酒生产国备受关注，其葡萄酒产量跻身世界十强。产地较多，有采用现代葡萄酒工艺和欧洲葡萄品种酿酒的山东省烟台市和宁夏回族自治区，以及用中国独有的酿造方法制作葡萄酒的云南省弥勒市和新疆维吾尔自治区等。

德国

葡萄酒生产地主要集中在南部和西南部。具有代表性的葡萄品种是威士莲。虽然德国的白葡萄酒和冰葡萄酒让人印象深刻，但红葡萄酒也闻名遐迩。

葡萄牙

弱起泡酒里面的葡萄牙青酒和酒精加强葡萄酒波特酒非常有名。1756年葡萄牙成为世界上第一个为葡萄酒进行产区界定的国家。

原产地名称保护制度是什么？

保护特定的地理环境、风土生产出来的优质产品的制度。如对葡萄酒规定了产地、原料、栽培方法、酿造方法等，其他的酒类和乳制品等也遵循同样的制度。

自然派葡萄酒

有一种葡萄酒，火爆的高级餐厅无一例外都会把它列入酒单，甚至可以说在新潮酒吧里必然会出现它的身影，它就是自然派葡萄酒（Natural Wine）。人们对于自然派葡萄酒似乎没有严格的定义，那它跟之前介绍的葡萄酒有什么不同呢？

自然耕作法

奥地利哲学家鲁道夫·施泰纳提出了自然耕作法，它是一种致力于实现零化学肥料、零化学合成农药、零除草剂的耕作方法。

减农药耕作法

最小限度地使用农药和化学肥料。

鲁道夫·施泰纳
（1861～1925年）

无农药有机耕作法

即有机耕作法。不使用杀虫剂、除草剂、化学肥料。

日本的自然耕作法

日本自然耕作法的推崇者福冈正信也对自然派葡萄酒的酿造产生了影响。

福冈正信
（1913～2008年）

去除沉渣

葡萄酒中的沉渣主要是发酵后的酵母，有人认为去除沉渣会影响葡萄酒原有的味道和香气。正因如此，很多自然派葡萄酒生产者都将去沉渣作业减小到最低限度，这使得自然派葡萄酒看起来较为浑浊。

无泡葡萄酒也有起泡的时候

如果未经亚硫酸盐处理就封上瓶盖的话，残留的酵母会在瓶内进行二次发酵，所以本来应该是无泡的自然派葡萄酒，开瓶的时候也会出现一点点气泡。

天然酵母自然发酵

酿造普通葡萄酒用的酵母菌是人工培养的酵母菌，可以通过控制微生物的种类和数量使得发酵能够稳定进行。而与此不同的是，自然派葡萄酒利用的是葡萄自带的微生物——天然酵母来进行发酵。这种天然酵母得益于葡萄种植地的多种微生物的互相作用，从而给葡萄酒带来了醇厚而有层次的口感。

尽量不使用亚硫酸盐
（亚硫酸盐＝酸化防止剂）

亚硫酸盐会阻止酸化，抑制微生物的活动。因此，如果在发酵的过程中使用亚硫酸盐的话，会杀死葡萄中自带的微生物，抹杀成品的个性。不同的生产者，使用亚硫酸盐的程度也不一样，有的完全不使用亚硫酸盐，有的则在装瓶阶段才少量使用。

有很多浅色的红葡萄酒和淡色的白葡萄酒

因为很多生产者不在意严格意义上的颜色划分，所以生产出很多颜色浅的红葡萄酒。而白葡萄酒如果采取了"放血法"（连皮带果一起发酵），颜色就会变深一些，因此也被称作"橙色葡萄酒"。

自然派葡萄酒和生物动力葡萄酒的区别

两者是有区别的：生物动力葡萄酒仅指葡萄的栽培过程符合自然耕作法，而自然派葡萄酒强调酿造工艺也要符合自然派葡萄酒的要求。

自然派葡萄酒的原则

▷ 重新审视重视"效率"的耕作法和葡萄酒酿造工艺，更加专注于葡萄栽培和葡萄酒酿造。

▷ 将葡萄栽培和葡萄酒酿造过程中的人为干预程度降到最低。

▷ 采用人工采摘葡萄的方式，表达了对土壤、气候、生态系统的尊重。另外，使用葡萄产地的天然酵母，与自然派葡萄酒重视"风土"的价值观达成一致。

★为了贯彻上述原则，有的生产者的操作即使不符合原产地名称保护制度的标准，也不会选择改变自己的栽培方法和酿造方法。

自然派葡萄酒的创始人

葡萄酒酿造学家朱尔斯·肖维主张不使用亚硫酸盐来酿造葡萄酒。继他之后，还出现了马赛尔·拉皮尔（博若莱产区）、圣安娜酒庄的弗朗索瓦丝·杜泰尔·拉罗谢尔（普罗旺斯的邦多勒产区）以及皮埃尔·欧维诺（汝拉产区）等自然派葡萄酒的先驱人物。

朱尔斯·肖维
（1907～1989年）

马赛尔·拉皮尔
（1950～2010年）

逆反的自然派葡萄酒

自由奔放的自然派葡萄酒制造商为了追求葡萄酒的本质，有时要直面与那些至今已在葡萄酒界成为常识的规则和标准相冲突的情况。一些酿造商生产的葡萄酒受到餐厅和鉴赏家的高度评价，但偏离了作为法国葡萄酒质量保证基础的原产地名称保护制度。

亚历山大·贝恩（1977～ ）

2015年，原产地认证机构INAO以"不符合普伊-富美产区的规定"为由剥夺了亚历山大·贝恩酒庄的AOC标志的使用权，因不满这一结果，酿酒商亚历山大·贝恩一纸诉讼将INAO告上了法庭，并于2017年胜诉。

酿造奇迹葡萄酒的"凯优酒庄（Les Cailloux）"，即使其生产的葡萄酒未达到标准规定的酒精度，也绝不添加糖。因此，原本已被AOC认定的图莱纳原产地，后来被撤销了认定。酿酒商库尔图瓦不在意葡萄酒是否获得认定，最终该酒以"佐餐酒"的名义出售。

克劳德·库尔图瓦
（1951～ ）

啤酒的基础知识

啤酒有"液体面包"之称。据说啤酒起源于公元前4000年，可以追溯到美索不达米亚的苏美尔文明时期。啤酒的一般酿造工艺为以大麦芽制成的麦芽汁为主要原料，添加啤酒花以增加其苦味经过酵母发酵而成。

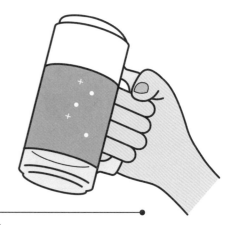

啤酒的酿造

制麦

大麦 ⟶ 发芽 ⟶ 麦芽

首先浸泡大麦，让大麦吸收水分后发芽，再把芽烘干，使其停止生长，就制成了酿造啤酒所需的主要原料——麦芽。

糖化

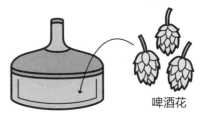

啤酒花

将麦芽磨碎后投入糖化槽中，并添加适量温水。麦芽中含有的淀粉糖化后制成麦汁，再添加啤酒花，便赋予了啤酒特有的苦味。

瓶装·罐装·桶装

包装出售。

熟成·过滤

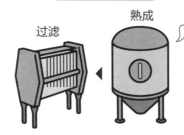

过滤　熟成

将"生啤酒"放入存储罐里进行熟成，然后过滤掉杂质，最终形成啤酒。

发酵

酵母

向冷却后的麦汁中添加酵母进行发酵，使其中的糖分转化为酒精，得到"生啤酒"。

啤酒的种类

啤酒的种类根据发酵方式的不同，大致可分为上发酵的艾尔啤酒（Ale）和下发酵的拉格啤酒（Lager）两类。而比利时生产的自然发酵的兰比克啤酒（Lambic）是个例外，它并不属于这两类。

拉格啤酒（下发酵）

比尔森啤酒

源自捷克，是知名企业主要出售的拉格啤酒。

德式黑啤

源自德国南部的深色啤酒。

博克

源自德国北部，黑褐色，酒精度高。

烟熏啤酒

一款带有烟熏麦芽香气的啤酒。

自然发酵啤酒

兰比克啤酒

经天然酵母发酵形成的带有独特酸味的比利时酸啤酒。

艾尔啤酒（上发酵）

英式淡色艾尔

英国传统的上发酵的啤酒。

印度淡色艾尔

在酿造中使用大量的啤酒花。在美国非常受欢迎。

棕色艾尔

啤酒花较少，苦味不明显，带有烘焙麦芽独特口感的啤酒。

小麦啤酒

除添加了大麦麦芽之外，还添加了小麦麦芽的白色啤酒。

世涛

由烘焙过的麦芽制成的黑啤酒。

大麦酒

酒精度较高（有的酒精度在10%以上）的艾尔啤酒。

精酿啤酒

"精酿啤酒"指的是什么呢？在日本，有的人认为是"像以前的本地啤酒"，有的人认为是"与大企业批量生产的啤酒不同的手工酿造啤酒"。而在将精酿啤酒运动成功推向世界的美国，酿酒协会对其做出了精确的定义。除了使用"传统"方法酿造外，还有其他的一些限定条件。

① 小规模生产

美国的精酿啤酒年产量不到600万桶（约70万吨）。精酿啤酒的酿造厂有时被称为"微型酿酒厂"，所以小规模生产是认定"精酿啤酒"的第一条件。

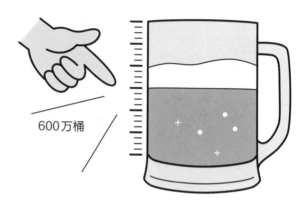

600万桶

② 独立经营

独立经营是认定精酿啤酒厂的一个条件。精酿酒厂老板之外的股东所持有的股份不能超过25%。

微型啤酒厂

精酿啤酒的多样化

美国酿酒协会对精酿啤酒的定义随着时代的变化而变化。2018年，该协会在精酿啤酒的新定义里去掉了原先"传统"的要求。因为出现了使用新的"辅料"酿造啤酒，以及生产苹果酒等啤酒以外的酒精饮料的优秀小型啤酒厂，"用传统的100%大麦制作的啤酒才是精酿啤酒"这一条件就变得不那么绝对了。

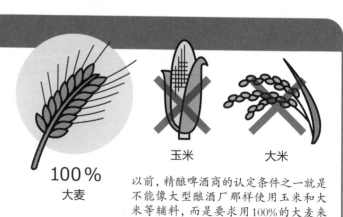

100% 大麦

玉米　　　　大米

以前，精酿啤酒商的认定条件之一就是不能像大型酿酒厂那样使用玉米和大米等辅料，而是要求用100%的大麦来酿造啤酒。

精酿啤酒运动

美国的精酿啤酒最初是为了反对大型企业批量化生产啤酒而出现的。这一切都是由精酿啤酒的始祖弗利次·梅塔格开始的。

1965年

1965年是"精酿啤酒元年"，弗利次·梅塔格收购并重组了濒临破产的传统啤酒工厂"铁锚啤酒公司"。1971年，该公司"复活"，特别是铁锚蒸汽啤酒上市后，出现了很多想要延续梅塔格意志的酿酒厂，拉开了美国精酿啤酒运动的帷幕。

弗利次·梅塔格
（1937~）

20世纪80年代~20世纪90年代

内华达山脉酒厂（1980年~）、波士顿啤酒公司（1984年~）、布鲁克林啤酒厂（1988年~）、巨石酿酒厂（1996年~）等精酿啤酒的先驱都诞生在这一时代，这使得全美的精酿啤酒制造厂的数量达到四位数以上。

2000年之后

受经济危机和有机啤酒热潮的影响，小规模、独立、高品质的精酿啤酒像一阵旋风，刮遍了全世界。美国的精酿啤酒厂在2018年超过了7000家。

美国精酿啤酒厂数量增长示意图

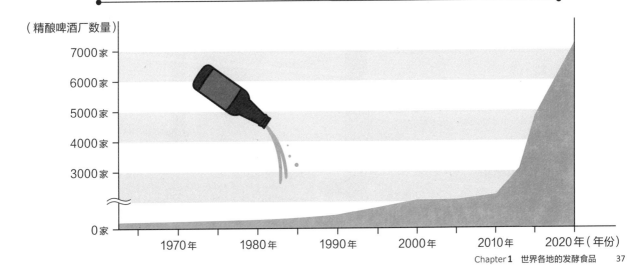

（精酿啤酒厂数量）

7000家
6000家
5000家
4000家
3000家
0家

1970年　1980年　1990年　2000年　2010年　2020年（年份）

威士忌

威士忌，是一种由大麦等谷物酿制的，在橡木桶中陈酿后得到的蒸馏酒。杜松子酒和伏特加酒等虽然也是由谷物酿制的蒸馏酒，但因为没有在橡木桶里陈酿，所以不算是威士忌。白兰地酒跟威士忌一样，是在橡木桶里进行陈酿的，但因为其原料是葡萄，所以也不是威士忌。

壶式蒸馏器是酿制威士忌的象征

提到威士忌，很多人都会想到铜制壶式蒸馏器（单式蒸馏器）。这个机器能将糖化后的麦汁发酵为含酒精的醪糟。它由三部分组成，分别为：加热蒸发蒸馏原液的"蒸馏壶"、使蒸汽冷却的"冷凝器"以及连接两者的"连接管"。这种构造的机器从中世纪开始一直沿用到现在，因为这种蒸馏法可以获得除酒精之外的香气，因此被用来酿造高品质的纯麦威士忌。

威士忌的种类

麦芽威士忌
原料：大麦

单一麦芽威士忌
同一家麦芽蒸馏厂生产的威士忌。

单桶威士忌
同一个橡木桶里酿造的威士忌。

↓

调和纯麦威士忌
将多家不同麦芽蒸馏厂生产的威士忌进行混合制成的。

谷类威士忌
原料为玉米、小麦、黑麦等大麦以外的谷物。

↓

→

调和威士忌
将调和纯麦威士忌和谷类威士忌混和而成的一种威士忌。

世界五大威士忌产区

说起世界上知名的威士忌，首先是拥有悠久历史的爱尔兰威士忌和享誉全球的苏格兰威士忌。另外还有"亲民派"的北美两大产区的威士忌和产自日本的各种威士忌。各地不同的风情带来了不同风味的威士忌。

 苏格兰威士忌  爱尔兰威士忌  加拿大威士忌  美国威士忌  日本威士忌

日本威士忌的两巨头

 鸟井信治郎（1879～1962）

日本三得利的品牌创始人。在日本"洋酒"的黎明期，他因酿造并出售"赤玉波尔图葡萄酒"而广为人知。他致力于酿造纯正的威士忌酒，于1923年在日本设立了山崎蒸馏所。

 竹鹤政孝（1894～1979）

竹鹤政孝既是日本人气很高的电视剧的主人公原型，又是"日本威士忌之父"。他曾是鸟井信治郎设立的山崎蒸馏所的首任所长，之后他成立了自己的公司"日果威士忌"。

单一麦芽威士忌厂

单一麦芽威士忌的酒液完全来自同一家蒸馏厂，其魅力在于融合了产地的风土、水、气候、材料、制法、橡木桶等因素，具有当地本土风味。苏格兰现存的高品质的单一麦芽威士忌酿酒厂有100多家。

精酿威士忌酒厂

跟啤酒世界里的"精酿啤酒厂""微型啤酒厂"一样，威士忌的世界里也诞生了小规模的创新型的"精酿威士忌酒厂""微型威士忌酒厂"。还有一些威士忌酿酒厂也进行了新的尝试，他们用传统酿造法里从未使用过的燕麦片和藜麦等谷物作为原料进行酿造。

世界的蒸馏酒

■ 加强酒精度 ■

蒸馏是一种提高酒精度的技术。在一般的酿造法中，酒精比例只能达到15%～20%，而使用蒸馏法甚至可以将酒精比例提高到99%。利用水的沸点（100℃）和乙醇的沸点（78.37℃）之间的温度差，将原发酵液加热至85℃左右，则只会蒸发其中的酒精，如果将这些酒精蒸汽收集起来再进行冷却的话，理论上就可以提取出纯酒精了。

■ 蒸馏技术的起源 ■

据说利用蒸馏法酿造高度酒的技术始于阿拉伯地区。即使是在禁酒的阿拉伯国家里也有名字起源于阿拉伯语"亚力"的亚力酒（Arrack）、拉克酒（Raki）等蒸馏酒。很久之前，蒸馏技术是和炼金术一起从阿拉伯地区传到欧洲的，人们用蒸馏技术酿造的"生命之水"（Aqua Vitae），与其说是酒，不如说是作为药品被使用的。实际上，蒸馏酒17世纪以后才在欧洲西北部得到普及。而蒸馏技术传播到美洲大陆和非洲内陆，是在这些地区沦为欧洲殖民地以后的事情。

图为阿拉伯国家的古代典籍中描绘的蒸馏生命之水"Aqua Vitae"的蒸馏装置。

■ 蒸馏酒和酿造酒的原料 ■

可以说，大麦酿造的啤酒经过蒸馏后就成了威士忌，以葡萄为原料的葡萄酒，蒸馏后就可以得到白兰地，以大米为原料的日本酒蒸馏后就可以得到烧酒。特定原料及其生产的酿造酒、蒸馏酒都跟产地国固有的文化紧密相关。

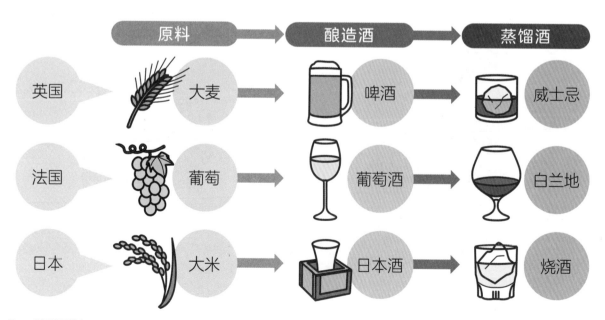

起源于欧洲的蒸馏酒

白兰地

白兰地是白葡萄酒经蒸馏而得到的高度酒，再经橡木桶贮存陈酿而成，其中雅文邑和干邑都很有名。白兰地可以说是以水果为原料的蒸馏酒的总称，有时也特指水果白兰地的干邑等。以葡萄为原料的格朗白兰地（意大利产）、皮斯科白兰地（秘鲁、智利产）、以苹果为原料的卡尔瓦多斯酒（法国诺曼底产）等也属于白兰地。

杜松子酒

杜松子酒起源于意大利，后来在荷兰风靡开来。它在以大麦、黑麦、土豆等为原料的蒸馏酒里加入了杜松子等，赋予蒸馏酒特别的香味。"精酿杜松子酒"近年来也流行起来，它使用味道十分个性的植物成分（如香草、香辛料、果皮等）。这些成分带来了层次鲜明且丰富的口感。

特基拉

这是以生长在墨西哥的沙漠中的植物龙舌兰为原料的龙舌兰蒸馏酒（Agave spirits）的一种。梅斯卡尔（Mezcal）、索托尔（Sotol）、拉依希亚（Raicilla）、巴卡诺拉（Bacanora）等特基拉以外的龙舌兰蒸馏酒也在世界其他国家变得越来越大众化。

伏特加酒

伏特加酒起源于1000多年前的波兰。也有人说起源于俄罗斯。这种酒以玉米、小麦、大麦等谷物以及土豆、芋头等为原料制成，无色、无味、无香，是一种类似于"酒精兑水"的蒸馏酒。

朗姆酒

朗姆酒的原产地在西印度群岛，后来传播到世界各地。根据不同的原料，朗姆酒可分为：传统朗姆酒（糖蜜）、农业朗姆酒（甘蔗汁）、甘蔗汁的浓缩糖浆（High Test Molasses）；还可根据熟成度和颜色的不同分为：白朗姆、黑朗姆、金朗姆。产地国的标记也各异，比如RUM（英语）、RON（西班牙语）、RHUM（法语）等表述均不同。

阿夸维特酒

这种酒主要的原产地是丹麦、瑞士、挪威和德国，是一种以玉米、土豆等为主要原料制成的蒸馏酒，通过添加香草、茴香、茴芹等香料来调味。

苹果酒和蜂蜜酒

比起已经在全世界得到普及的葡萄酒和啤酒，苹果酒和蜂蜜酒的知名度还没有那么高。尽管如此，近年来在日本，与用荞麦面制作的法式风格雷派饼搭配销售的布列塔尼产苹果酒，其知名度越来越高。一些美国精酿啤酒制造厂也开始关注苹果酒和蜂蜜酒，并致力于酿造和营销，还开发了"汽水＋啤酒""蜂蜜酒＋葡萄酒"等混合型饮料。

苹果酒

▶苹果虽然对欧洲人来说有非常重要的文化含义，但在造酒方面的成绩却被掩盖在葡萄的阴影里。

▶苹果酒文化遍布世界各地，法国的诺曼底和布列塔尼，西班牙的巴斯克，英国的布里斯托尔，以及德国、瑞士、北美等国家和地区都有苹果酒文化的踪迹。

▶苹果酒起泡多，一般酒精比例在3%～8%之间，也有在加糖后再次发酵使酒精比例达到9%～12%之间的苹果酒。另外，还有跟苹果酒比较相似的酿造酒，如诺曼底的梨酒。

▶近年来，美国在精酿啤酒运动的影响下，对苹果酒的酿造工艺也进行了升级，微型苹果酒制造厂日渐增多。据说在俄勒冈州就有数十家这种规模的酿造厂。像精酿啤酒一样，他们通过在原料和酵母上下功夫、添加酒花等，不断地优化和改进苹果酒。

布列塔尼的苹果酒

波兰的苹果酒

蜂蜜酒

据说蜂蜜酒在农耕时代之前就存在了。法国人类学家克洛德·列维－斯特劳斯指出蜂蜜酒的诞生意味着"事物由自然向文化的转变"。

▶蜂蜜酒的酒精比例为7%～14%。俄罗斯人以前爱喝的"Mead"（音译为"米得"）蜂蜜酒，因为伏特加酒的普及而日渐衰落了。此外，在啤酒普及前，日耳曼民族也喝过蜂蜜酒。印度、埃塞俄比亚、斯堪的纳维亚半岛、英国的威尔士等国家和地区也有蜂蜜酒文化。盛行养蜂的立陶宛现在还有蜂蜜酒酿酒厂，人们还喝着以蜂蜜酒为原料，添加香草酿成的蒸馏酒。

▶虽然在日本能喝到蜂蜜酒的机会还很少，但可以说蜂蜜酒正在慢慢被传播开来。波兰的"Miód Pitny"（音译为"米欧特·匹尼"）蜂蜜酒于2008年被欧盟正式认定为传统品牌。在美国，受到精酿啤酒运动的影响，对蜂蜜酒的重新评估正在进行。截至2019年，全美的蜂蜜酒酿造厂约有500家，数量是十年前的3倍多。

波兰的蜂蜜酒

布鲁克林的蜂蜜酒

马奶酒和口嚼酒

酿酒厂需要的含糖原料，除了果实、汁液、蜂蜜外，有些地方还会使用含有乳糖的哺乳类动物的奶，尽管这种原料并不常见。此外，酿酒过程中为了使谷物类和薯类等原料发生糖化，一般会利用曲霉菌，或是用像啤酒原料麦芽一样的发芽方法。另外，还有一种快被遗忘的方法，即利用人类的唾液的淀粉酶进行糖化，由此酿成"口嚼酒"。

马奶酒

蒙古的艾日格

蒙古的发酵乳跟欧洲的奶酪和酸奶不同，值得被进一步关注。游牧民族饮食文化创造的马奶经过发酵形成的半透明状奶饮料被称为艾日格。因为马奶的含糖量不高，所以艾日格的酒精比例只有1%～2%，与其说它是酒，不如说它是能够增强身体免疫力、补充维生素C的健康饮品。据说日本的饮料"可尔必思"就是其创始人受蒙古马奶酒的启发而研制的。

俄罗斯的库米斯

在蒙古国，人们不仅用马奶酿酒，有时还会用牛和骆驼的奶来酿酒。更有人将酿好的酒经过蒸馏后得到酒精度更高的蒸馏酒。另外，在俄罗斯和吉尔吉斯斯坦，以及中国内蒙古地区也喝马奶酒。在经济日益发达的俄罗斯，通过新兴企业家兴办库米斯酿酒厂，传统的马奶酒正在被人们重新认识。

口嚼酒

酿造和咀嚼

"口嚼酒"随着电影《你的名字》的热映而为大众所熟悉。以前，口嚼是一种世界各地都会使用的淀粉糖化的方法。日本奈良时代的著作《风土记》中有关于用咀嚼来做发酵酒的记载，所以在日本，咀嚼发酵法在曲霉糖化法普及之前就已经存在了。此外，有人认为"酿造"一词的起源也与"咀嚼"有关联。

安第斯山脉的奇恰酒

奇恰酒是主要以玉米等谷类为原料酿造的酒，它流行于秘鲁和玻利维亚等南美洲安第斯山脉附近的国家。它以前采取的就是咀嚼糖化之后再进行发酵的酿造法。16世纪之后，西班牙人来到当地后做口嚼酒的风俗逐渐衰落，现在则是利用发芽糖化的方法进行酿造。

亚马孙河流域的摩挲托（Masato）

南美洲亚马孙河流域一带，有一种以木薯的根为原料的叫作"摩挲托"的口嚼酒，之前一直采用咀嚼发酵法，现在似乎也开始采用咀嚼发酵法以外的方法来进行糖化。口嚼酒在现代人的卫生观念里很难被接受，但对于想要酿造美酒的人类来说，却是最合适的糖化方法。

木薯

中国的酒

中国幅员辽阔，人口众多，有着令人羡慕的悠久的历史，中国的酒文化更是博大精深。近年来，中国的葡萄酒和啤酒酿造得到飞速发展，逐渐被世界瞩目，但让世人感兴趣的还是中国传统的酿造酒"黄酒"和蒸馏酒"白酒"。

中国的曲（麹）

中国酒是将谷类原料中的淀粉通过霉菌进行糖化并经过复式发酵，但霉菌的种类和操作方法则与日本酒不相同。

中国 **根霉菌的饼曲**

将谷物捻碎，加水揉成饼状或者砖块状，然后将培养根霉菌的饼烘干，这被称作"饼曲"。

日本 **曲霉菌的散曲**

用蒸熟的米饭培养曲霉菌使用。

谷物中的淀粉经过糖化再发酵的方法在亚洲很普遍，但曲霉＋散曲的使用在日本并不多见。

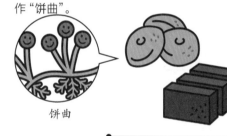

饼曲

散曲

中国酒的分类

白酒

白酒是以高粱等为主要原料制成的蒸馏酒。

按发酵剂分类：根据发酵使用的曲不同，分为大曲酒（高级酒）、小曲酒、麸曲酒（大众酒）等。

按香型分类：中国白酒具有以酯类为主体的复合香味，大曲酒按照香型分为酱香型、浓香型、清香型、米香型等。

中国的四大白酒品牌：汾酒（山西省）、茅台酒（贵州省）、泸州老窖特曲酒（四川省）、西凤酒（陕西省）。

黄酒

黄酒是以糯米为主要原料的酿造酒。一种叫"绍兴酒"的中国黄酒在日本很有名，它是一种经长期熟成、老化的黄酒，也被称为"老酒"。

根据其含糖量的不同，黄酒可以分为：干型黄酒、半干型黄酒、半甜型黄酒、甜型黄酒四类。

根据酿造方法的不同分为：元红酒（采用基本制法，又称饭酒）、加饭酒（增加一成的糯米和麦曲制成）、善酿酒（以元红酒代替水酿成，日本的贵酿酒就借鉴了这种酿法）、香雪酒（在元红酒的醪糟里添加麦曲，然后加入糟烧酒代替水酿制而成）。

白酒的"固体发酵"

白酒采用的是世界上独特而又罕见的酿酒工艺。将原料制成固态酒醅，在固态状态下经固态发酵，再经高温蒸馏使水分减少，得到高酒精度的白酒。

白酒的酿造方法

1) 将粉碎后的高粱蒸熟，然后添加粉碎的饼曲和酵母，即成醅料。

2) 将第一步得到的醅料移入固态发酵槽，即"入窖"。

3) 装好后，在醅料上盖上一层糠，再用窖泥密封，开始发酵。发酵时间从几天到一个月不等。

4) 发酵成熟的酒醅通过再次蒸煮，蒸馏出蒸汽，便得到了白酒。在此过程中，往往会把固体发酵原料也放入蒸器里，采取只需一次加热就可以完成两道工序的做法。

窖是什么？

所谓窖，即白酒的发酵槽，指的是在地上挖的长度为2米、宽度为1米、深度为2米的凹坑，窖的内壁栖有酿造白酒所需的丰富的微生物群。白酒的级别判定除了依据酒自身的酿造年份外，有的还会依据窖池的古老程度即"窖龄"来判定。有的还会在新窖池的内壁上专门涂上老窖池的泥土。

固体发酵

有关固体发酵的起源众说纷纭，其中一个说法认为，固体发酵是由于当地缺酿造用水而被发明的，因为固体发酵具有节水的独特优势。原料通过固体发酵工艺，只要一次蒸馏就可以得到酒精比例高达55%～70%的高度酒，但采用其他发酵工艺的蒸馏酒是不可能达到如此高的酒精度的。

世界的醋

　　醋被认为是仅次于盐的古老的调味品。据说，最初是人们发现放置的酒在自然变酸后可以用来调味，这才发现了醋。醋是醋酸菌将酒精酸化后产生醋酸而形成的，因此在世界很多地方都使用和当地生产酒用的同样的原料来制作的醋。酸味是基本的五味（甜、咸、辛、酸、苦）之一。在欧美各国的饮食中，醋发挥着很重要的作用，它不仅被用来给菜肴调味，还被用来制作蛋黄酱和酸辣酱油等调味料。不过，在泰国等东南亚地区，比起醋，当地人的饮食中更多地使用罗望子（也称酸豆）和泰国柠檬等水果中的酸味物质来调味。

制作食用醋的微生物是醋酸菌

醋酸菌 = 酸化酒精
制作醋酸的菌群的总称

$$C_2H_5OH + O_2 = CH_3COOH + H_2O$$

酒精经过氧化反应生成醋酸和水

醋酸菌的一种
（制作米醋的醋酸杆菌）

世界各地关于"醋的起源"的记录

公元前5000年左右

　　在世界古文明发源地之一的美索不达米亚，人们在那时开始用枣椰制作醋。

公元前3000年左右

　　古代埃及的语言中出现了形容醋的词语。

公元前1000年左右

　　记录了中国周朝（公元前1046年～公元前256年）礼乐制度的书《周礼》中出现了管理制醋的官吏"醋人"的描述。据说其中还认定了食醋作为中药的功效。

官吏"醋人"

公元前400年左右

　　希腊的医学家希波克拉底用醋治疗呼吸道病和皮肤病，并让恢复期的病人通过喝醋汤来恢复健康。

希波克拉底
（约公元前460～公元前370年）

公元300～400年

日本开始制作醋。

公元500年左右

　　中国北魏时期的农业著作《齐民要术》（约成书于公元533～544年间）里记载了约23种酿造食醋的方法。

《齐民要术》流传至日本

醋——西方的醋来自酒

法语的vinaigre（醋）是vin（葡萄酒）和aigre（酸）组成的复合词，从根本上说，醋就是酒变酸之后的产物。世界上有哪些醋是与当地的酿造酒使用同样的原料呢？

葡萄　　　葡萄酒　　　葡萄酒醋

法国、意大利等葡萄酒生产大国都会生产葡萄酒醋。跟葡萄酒一样，葡萄酒醋也有红和白两种。意大利的艾米利亚·罗马涅大区的葡萄酒醋就是葡萄汁经过蒸煮后发酵、熟成而得到的。

大麦　　　啤酒　　　麦芽醋

麦芽醋是吃英国的炸鱼薯条不可或缺的调味料，它是由大麦、小麦、玉米和啤酒的原料大麦麦芽制作而成的。除了英国，德国等国家也制作麦芽醋。

糯米　　　黄酒　　　香醋

中国的香醋跟黄酒一样，都是以糯米为主要原料制成的。特点是颜色发黑，味道浓郁，是吃大闸蟹和小笼包不可缺少的调味料。

甘蔗　　　巴斯酒　　　苏康伊罗戈

众所周知，用鸡肉和猪肉烹饪的菲律宾名菜阿斗波，主要是用醋来调味的，而且这道菜使用的醋的种类还很多。菲律宾伊罗戈斯大区的特产醋苏康伊罗戈是以甘蔗汁为原料制作而成的。

世界各地其他的名酒和名醋

·雪莉酒/雪莉酒醋（西班牙）
·苹果酒（也称苹果气泡水）/苹果酒醋（美国、德国、爱尔兰等）
·椰枣酒/枣醋（中东、北非）
·菠萝酒/菠萝醋（菲律宾等）
·椰子酒/椰子醋（东南亚）

椰枣　　　枣醋　　　菠萝醋

椰汁果冻和康普茶

椰汁果冻和康普茶虽然跟食醋无关，但却跟醋酸菌有关。椰汁果冻是菲律宾的传统点心，它是以椰汁为原料，经过木醋杆菌（醋酸菌的一类）发酵而形成的。它呈现如琼脂一样的凝胶状，具有独特的口感，20世纪90年代曾在日本非常流行。

椰汁果冻

康普茶是在加糖的红茶里添加一种名叫"康普茶菌母"或者"红茶菌母（Scoby）"的醋酸菌的菌膜，培养出带有酸爽口感的培养液。近年来，康普茶作为健康饮料在欧洲非常流行，很多人都开始在家自制。餐饮店会向顾客提供康普茶，当然也可以买到瓶装的康普茶。实际上，日本1974年出版的《红茶菇健康法》这本书使得"红茶菇"这一名字声名鹊起，但由于未被商品化，不到一年就销声匿迹了。现在从欧美"逆输入"的康普茶正在日本重新被认识。

康普茶

德国酸菜

中国的《齐民要术》中记载了腌制蔬菜的方法。据说由鞑靼人将腌渍发酵文化从中国传播到了欧洲。虽然腌渍发酵的制品有很多，但是目前做法最简单、使用最多的可能是用切碎的圆白菜制作的腌渍品——德国酸菜。

发酵和盐

制作德国酸菜的原料只有圆白菜和盐。换言之，德国酸菜最能证明盐在发酵中的重要性。盐会促进能够引起自然发酵的乳杆菌属乳酸菌的生长，并消灭导致腐败的细菌。但是，实际情况更为复杂：引起发酵的是大肠杆菌，然后由明串珠菌接手继续发酵，发酵过程中产生的乳酸会导致 pH 值下降，最终由乳酸菌接替进行发酵。可以说德国酸菜的发酵的过程是由多种微生物接力进行的。

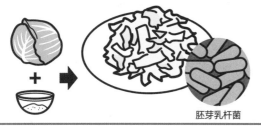

胚芽乳杆菌

德国酸菜有益健康

包括圆白菜在内的十字花科蔬菜，都含有硫代葡萄糖苷。有一种说法认为，硫代葡萄糖苷经发酵后分解产生的异硫氰酸酯化合物具有抗癌的作用。圆白菜本身就富含维生素C，经发酵后会产生更多的维生素C。过去，从航海家詹姆斯·库克第一次去南太平洋探险开始，腌制圆白菜就被用来预防长途航行中的维生素C缺乏症。

起初，船长假装将德国酸菜作为高级食品只提供给上级人员，以此引起了对食物有偏执的水手们的羡慕，从而促使他们也开始吃德国酸菜。

詹姆斯·库克（1728～1779）

酸菜和德国

被广泛食用的德国酸菜在各个国家都有不同的称呼，如 Choucroute（法国腌酸菜）、Zuurkool（荷兰腌酸菜）、Kapusta Marynowana（波兰腌酸菜）。但是，德语中表示酸菜的单词却给人留下更深刻的印象，据说在大战期间英美军队轻蔑地称德国士兵为"克劳特"。包括德国在内的欧美国家，都非常喜爱德国酸菜，甚至会出售德国酸菜汁，即发酵过程中从圆白菜中提取的富含乳酸菌的汁液。

德式酸菜（Sandorkraut）

桑德尔·埃利克斯·卡茨是美国发酵文化的领导者，著有《发酵的技法》《桑德尔·埃利克斯·卡茨的发酵教室》等书，他的绰号是"雷霆克劳特"，该绰号是朋友见他沉迷于制作德国酸菜而取的。卡茨先生拥有波兰、俄罗斯和立陶宛的混合血统，腌制蔬菜也是这些国家的饮食文化。在欧洲犹太人的意第绪语中，人们把发酵变酸的蔬菜称为"Zoyers（佐耶斯）"。即使是在卡茨成长的纽约，也能够在东欧餐馆和超市里见到佐耶斯。

桑德尔·艾利克斯·卡茨（1962～）

韩式泡菜

韩式泡菜排在韩国国民美食的第一位，当地居民家里甚至有专门用于存放韩式泡菜的冰箱。韩国民众每年年末都会举行全家一起出动腌制泡菜的活动。很久以前，一些韩国公司还会设置"韩式泡菜奖金""韩式泡菜休假"等。

韩式泡菜的历史

源自中国辣白菜做法的韩式泡菜带有辣椒的辣味和乳酸发酵的酸味，又混合了甜味和咸味等各种味道，最终形成了口感浓郁的独特风味。但韩式泡菜的历史并没有那么悠久。在韩国的文献中，有关韩式泡菜最早的记载出现于13世纪初由李奎报所著的诗文集《东国李相国集》。而作为制作韩式泡菜的必要的原料之一，辣椒的传入要追溯到16世纪。使用切成丝的辣椒制作的韩式泡菜，最初出现在《闺合丛书》（成书于1809年）中。

韩式泡菜的种类

辣白菜泡菜

单说"Kimuchi（辛奇）"的时候，一般指的就是辣白菜。

萝卜泡菜

将白萝卜切成小四方块做成的萝卜泡菜。

黄瓜泡菜

黄瓜改刀，将"调料"塞入其中制成的泡菜。

牡蛎菜包

用白菜的叶子包裹着牡蛎、鲍鱼、板栗、松子等多种材料腌制而成的豪华版泡菜。

泡菜水

一般指不加辣椒的泡菜水，也可以作为冷面的汤料。

辣白菜韩式泡菜的制作方法

不同的店家和家庭，韩式泡菜的做法也各不相同，此处为大家介绍辣白菜韩式泡菜的一种常见的制作方法。

1) 用盐腌制白菜。

2) 制作泡菜酱腌料。

将糯米粉加水调成糊状，海带、杏菇挤出汁，将洋葱、大蒜、姜等香味蔬菜打成糊，苹果、梨等水果切碎后打成糊，放入辣椒面和辣椒粒，放入虾酱和韩国鱼酱，放入牡蛎等海鲜，加入蜂蜜、白糖、糖浆等甜味调料，葱、韭菜切成丝与其他原料搅拌均匀。

3) 用制成的泡菜酱腌渍盐白菜。

未发酵的泡菜？

在日本，泡菜也是产量位居前列的非常受欢迎的腌制菜。不过，市场上也有出售一种"未经发酵的泡菜"，这种泡菜就是带有韩式泡菜风味的日式腌菜。但说实话，既然是吃泡菜，人们还是更想吃"发酵过的泡菜"啊！

腌制品

发酵型腌制品和非发酵型腌制品

日本有着种类丰富的腌制品，被称为腌制品的天堂。世界上也存在着各种各样的腌制文化。如果将蔬菜和水果等制成的腌制品进行分类的话，主要分为"发酵型腌制品"和"非发酵型腌制品"。"发酵型腌制品"指的是使用乳酸菌发酵，使原料产生酸味及其他风味，制造出的可以长期保存的腌制品。而"非发酵型腌制品"指的是利用含有醋酸等物质的腌制汁或者腌床来调味保存的腌制品，其中醋酸的抗菌性还可以抑制微生物的乳酸发酵。

中国的腌制品

中国的腌制品多种多样，比如用大蒜和食盐腌制白菜而成的"天津冬菜"，用乳酸发酵白菜制成的在北方和东北地区盛行的酸菜，用乳酸发酵各种蔬菜和生姜、辣椒、花椒制成的经常被拿来跟韩式泡菜比较的四川泡菜，用乳酸发酵竹笋制成的酸笋，将芥菜肥大的根部挤干水分后用食盐和香辣调味料腌制、再经乳酸发酵的、在日本也很受欢迎的榨菜……无论是哪一种腌制品，比起直接食用，它们更多的是作为调料用于炒菜和炖汤。还有日本的笋干也是起源于中国南部地区，它需要先将麻竹蒸熟，再用食盐腌制后再进行发酵，最后自然晒干而成的一种腌制品。

酸菜

榨菜

在拉面里添加笋干是日本特有的饮食习惯。

泰国的腌制品

泰国有一种品牌腌制品——Pakdon，它是以菜叶为原料的，其中的叶子和汁液都可以用来做菜。另一个品牌No My Don是用竹笋做的腌制品，中国云南省也有类似的腌制品。此外，知名品牌Don Briyo是先将萝卜、黄瓜、桤果、豆芽等用食盐腌渍，再用淘米水发酵而成的，它跟日本的米糠酱菜非常类似，只不过将米糠酱换成了淘米水。

在泰国的超市里可以看到像饮料一样瓶装出售的No My Don。

腌制品大国缅甸

缅甸是东南亚的腌制品大国。要说这个国家稀奇的腌制品，当属将茶叶用食盐腌渍并蒸煮制成发酵茶叶，再搭配其他食物制成的茶沙拉（Lahpet）了。它可以用来拌沙拉，也可以用来炒菜调味。另外还有酸味腌制品（一般会写作-che），其种类非常丰富多彩。有将青楛果用淘米水和食盐进行乳酸发酵而得到的"Reieche（腌制青楛）"，豆芽经乳酸发酵而成的"Pepin Pouche（腌豆芽）"，竹笋用盐腌制而成的"Mieche（腌竹笋）"，薤头经鱼酱和谷物酱油发酵的"Chatonche（腌薤头）"，将甘露子用淘米水和食盐进行乳酸发酵得到的"Peponche（腌制甘露子）"，萝卜用盐腌制而成的"Morauche（腌萝卜条）"等。

茶沙拉（Lahpet）是缅甸的国民食物，将中间的发酵茶叶与周围的花生、油炸的大蒜、虾干、芝麻、豆类和辣椒混合食用。

世界其他地方的腌制品

意大利的腌制品酸豆——原料来自一种丁香科植物的花苞——是经过盐腌制后发酵而成的，意大利的市面上还会出售非发酵性的醋腌酸豆。

土耳其特色美食腌葡萄叶，是将葡萄叶经过盐腌再发酵制成的。包有米饭、肉馅的葡萄叶卷饭（Yaprak Dolmas 或者Yaprak Sarmas）具有土耳其特色风味。

土耳其的著名美食——葡萄叶卷饭。

Shiki（腌萝卜）和Sunki（腌菜）

尼泊尔和不丹盛行的美食 Shiki（干萝卜经发酵而成）和Gunduruk（干菜叶经发酵而成），跟日本长野县木曾市的"Sunki（芜菁腌菜）"做法很相似，都是世上少见的不使用食盐的经乳酸发酵而成的腌制品。Shiki和Sunki的发音也很相似，这一点很有趣。中国北京有一种酸菜也是未加盐腌制的。

经过发酵的Gunduruk可以烘干后保存很久。

什锦腌菜

在日本关西地区和九州等地，人们常食用的"什锦腌菜"是将添加了辣椒的蔬菜经过甜醋腌渍而成的，比起发酵食品它更像用醋腌制的食品，跟印度和尼泊尔的"Achaar"、菲律宾的"Achar"等名字非常相似。据说它们都起源于波斯语的"Atchãrd"和葡萄牙语的"Achar"，这是一个有关饮食文化传播的故事。

芜菁片什锦腌菜（日本）　　洋葱条什锦腌菜（印度）

世界的鱼酱

海鲜加盐保存

发酵食品

鱼酱（以鱼和小虾等为原料）

1. 咸鱼
2. 咸鱼糊：将咸鱼磨碎以便使用。
3. 咸鱼汁：咸鱼经长期保存后鱼肉细胞脱水，形成黏稠的汁液。
4. 鱼酱油：将咸鱼汁过滤后得到的调味品，味道鲜美。咸鱼汁是咸鱼的副产品，鱼酱油是有意将液体分离出来制成的调味料。

熟食

加入米饭使咸鱼进行发酵。这就是日本"船寿司"的起源。

未发酵食品

多指的是用盐腌制的咸鱼（咸鳕鱼、咸鲑鱼、咸鲭鱼等）。

什么是鱼酱？

　　日本料理中以谷类为原料制成的酱油和味噌是万能的调味品，而在东南亚也有与之类似的调味品，这就是以鱼类和贝类等为原料发酵而成的鱼酱。制作"鱼酱"的原料并非只有鱼。根据日本文化人类学家、民族学家、日本饮食文化研究第一人石毛直道的研究分析，一切腌制水产品的活动都是从人们用盐腌制法保存鱼开始的，其中经过发酵后去除了那些不熟的东西后，剩下的就是"鱼酱"。

美食文化圈和季风气候

　　鱼酱的发源跟季风气候密不可分。在一定的地方、一定的时期能够收获大量鱼类的气候条件下，为了可以一整年都食用到捕获的鱼，用盐腌制保存的饮食文化就发展起来了。另外，不同于"畜牧文化圈（即食用奶制品加工的文化圈）"，"鱼酱文化圈"和日本这样的"谷物类酱油文化圈"，可以说都追求发酵调味料中所含谷氨酸的美味。

　　柬埔寨洞里萨湖的蓄水面积，旱季时期是日本琵琶湖的4倍，雨季则达到琵琶湖的10倍以上。澜沧江－湄公河发源于中国唐古拉山脉东北坡，东南流经缅甸、老挝、泰国、柬埔寨、越南。这一湖一河里丰富的淡水鱼是鱼酱文化的起源。

亚洲的主要鱼酱

卡皮（Kapi）

这是一款来自泰国的咸虾酱，跟日本的味噌是一样的吃法，经常被用来制作咖喱酱。

特拉西（Terasi）

这是印度尼西亚的一款咸虾酱。当地人使用特拉西制作的Nasigoreng Tnashi（炒饭）是印尼当地的特色美食。

纳加皮（Ngapi）

这是一款来自缅甸的咸鱼酱。其中的鱼肉叫作纳加皮噶翁（Ngapi Gyaw），鱼酱油叫作纳加皮液（Ngapi Ye）。

鱼露

中国的鱼露与东南亚的饮食文化有着密切的关系，在烹制粤菜和客家菜时经常被使用。

楠普拉（Nampla）

泰国的鱼露。跟日本的酱油一样，用途丰富，可用于制作炒菜、拌菜、面食、蘸酱等。泰语"nam"是水的意思，"pla"是鱼的意思。

金苏鱼露（Nuoc Mam）

越南的鱼露。除了用于烹饪外，还可以在鱼露里添加橘子汁、白砂糖、辣椒、大蒜，制成"Nuoc Cham（金苏鱼酱）"，作为蘸酱使用。越南富国岛是著名的金苏鱼露产地。

普拉霍克（Prahok）

柬埔寨的咸鱼酱。它以东南亚最大的湖——洞里萨湖的淡水鱼为原料，是制作高棉料理不可或缺的调味料。

凤尾鱼酱（Tisin）

菲律宾咸鱼酱。常用于烹饪，还可以用桤果蘸着吃。

韩式海鲜酱（Jeotgal）

韩国人用种类丰富的海鲜制成的一种海鲜酱，如小虾、鳕鱼内脏、牡蛎等。也有提取内在物质做成鱼酱油的，例如玉筋鱼酱（以玉筋鱼为原料）和鳀鱼酱（以鳀鱼为原料）。

古罗马的鱼酱

在欧洲，一说到以鱼类为原料制作的发酵调味料，人们就会想到鳀鱼，但最初制成的发酵食品却是"Garum（鱼酱）"。Garum是古罗马时期使用的一种鱼酱，当时在烹饪书《Apicius》（阿皮修斯）中刊载了许多使用这种鱼酱的食谱。直到今天，意大利南部仍在生产用鳀鱼制成的鱼酱油——"Colatura（鳀鱼鱼酱）"。

古代罗马的料理图书《阿皮修斯》

意大利卡塔尼亚生产的Colatura鳀鱼鱼酱

注：本页所述鱼酱区别于狭义的鱼酱，其中将液体的鱼酱称为鱼露。

世界的纳豆

很多日本人深信纳豆是日本特有的发酵食品，但实际上并非如此。近年来，随着《纳豆的起源》（横山智著，出版于2014年）和《谜一样的亚洲纳豆》（高野秀行著，出版于2016年）等书籍的畅销，很多日本人对纳豆有了新的认识。所谓纳豆，就是由煮过或者蒸过的大豆通过纳豆菌或枯草杆菌，经过无盐发酵制成的豆制品。此外，世界上那些能够使人联想到纳豆的其他发酵食品也值得关注。

Thua Nao（泰国纳豆）

"Natto（日本纳豆）"和"Thua Nao（泰国纳豆）"是名称和实物都很相似的发酵食品，其中的文化关联性引人深思。泰语里面的"thua"代表"豆"，"nao"代表"腐烂"的意思。在食用纳豆的泰国北部、缅甸的掸族居住地以及中国的云南省，主要是用磨成糊状的纳豆酱（Thuanao·Mu）以及干燥成饼状的纳豆仙贝（Thuanao·Pane）作为菜肴的调味料，这些地方都没有用白米饭搭配纳豆直接食用的习惯。有一种跟日本的纳豆很接近的生纳豆粒（Thuanao·Sir），但它不是用稻草包裹而是用蕨类植物的叶子包裹发酵的。纳豆的发酵菌正是附着在蕨类植物叶子上的枯草杆菌。

糊状的泰国纳豆酱，可以添加辣椒、大蒜、姜汁等。

饼状的纳豆仙贝，有添加辣椒和纯纳豆的两种。

用蕨类植物的叶子而不是稻草包裹发酵的纳豆粒，吃起来像日本纳豆一样会拉丝。

Cien（柬埔寨纳豆）

据说只有柬埔寨有Cien，它是一种多汁的纳豆风味的大豆调味料。柬埔寨市面上售卖面食和粥的街边摊，为客人准备的调味料里不仅有辣椒，还有Cien，客人可以根据自己的喜好自行调配。

辣椒　砂糖　纳豆

金边市街边摊的桌子上摆放的调味料。

尼泊尔、不丹、印度的纳豆

南亚地区也有食用纳豆的风俗，比如尼泊尔东部的Kinema（一种大豆发酵产品）、不丹的Libippa（一种大豆发酵产品）、印度曼尼普尔邦的Hawaii Jar（一种大豆发酵产品）等。Kinema是将煮过的大豆轻轻捣碎后发酵而成的，大部分情况下为了长期保存会将其烘干。Kinema作为调味料被广泛使用，比如添加到咖喱中调味。

添加了Kinema的咖喱会有纳豆的香味。

丹贝（Tempeh）

这是印度尼西亚的特产，因为它是用根霉菌发酵而成的，所以无法将其归类于纳豆。丹贝作为大豆素食的食材被世界所注目，它呈块状，没有纳豆那么臭，可以煮着吃、炒着吃、炸着吃。它也可用在著名的印度尼西亚料理——加多加多（一种花生酱拌杂菜）里。

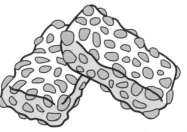

丹贝与纳豆类似，但严格来说它并不是纳豆，因为它的发酵过程使用的是根霉菌，而不是枯草杆菌。

豆豉

豆豉是一种在中餐烹饪中被广泛使用的调味料。它以黑豆和大豆为原料，经由食盐和霉菌发酵而成。具有跟味噌相似的口感，也有人说它非常像日本的滨纳豆。

大众熟悉的麻婆豆腐中就有不可或缺的大豆发酵调味料——豆豉。

周五早市邂逅亚洲纳豆

泰国的第二大城市清迈平日里日本游客最多，在这里能品尝到前面介绍过的泰国纳豆Thua Nao。特别推荐的是清迈市内的"周五早市"。除了Thua Nao，还有很多颇具中国云南特色或者缅甸饮食文化风情的商品，跟其他市场不一样，这里还可以吃到Kaofun（黄豆腐）等缅甸风味的小吃，这里是亚洲各地饮食文化交汇的空间。在这里还可以买到泰国的甜酒"Khao Mak"等发酵食品。早市的开放时间为每周五的清晨到中午。

"纳豆大三角"

可以说亚洲各地都有纳豆。关于纳豆的起源，也有很多种说法。《照叶树林文化论》的作者——日本植物学家中尾佐助提出了"纳豆大三角"这一说法。根据这一说法，纳豆的发源地是中国的云南省，然后纳豆被从云南传到了喜马拉雅山脉附近的国家和爪哇一带，之后又从爪哇传到了日本。由此，日本、爪哇、喜马拉雅山脉周边国家三地连接起来就形成了一个"大三角形"。

但是，也有人指出爪哇的丹贝跟Thua Nao、Kinema、日本纳豆不一样，它并非使用的是枯草杆菌，而是用根霉菌发酵而成的，所以不能被称为纳豆。

另外，有说法认为纳豆是作为中国豆豉的分支发展起来的，也有说法认为纳豆是在各个地方独立起源的。在经过了很多科学分析并积累了很多实地考察经验的今天，关于纳豆的起源的各种说法变得更为深刻和复杂了。

世界的味噌和酱油

亚洲的万能发酵调味料，有以鱼类等水产品为原料制成的鱼酱和鱼酱油，还有以谷类为原料制成的"谷物酱"味噌和谷物酱油。大致来看，可以说东南亚是鱼酱文化圈，包括日本在内的东亚是谷物酱文化圈。但也有例外，比如在深受中国菜影响的东南亚，谷物酱油的使用就很普遍，而在日本也有制作鱼酱的地方。

■ 亚洲的酱油 ■

酱油是中国菜里经常使用的调味料，有色泽深、较为黏稠的老抽和色泽浅、咸味重的生抽。马来西亚和印度尼西亚也有味浓的甜酱油（Kecap Manis）和味淡的咸酱油（Kecap Asin）两种酱油。泰国还有"黑酱油"（浓而甜）和"淡酱油"（淡而咸）两种酱油。

中国的老抽和生抽，
颜色大相径庭。

■ 韩国的大酱和蟹酱 ■

将煮过的大豆磨成浆糊状再使之凝固，加入霉菌后将其做干燥处理，做成硬邦邦的叫作"Meju"的味噌坯子，最后添加盐水继续发酵。在这个过程中，糊状物就是大酱（与日本味噌相似），液体则是蟹酱（类似于酱油）。

韩国人将制作大酱和蟹酱的味噌坯子挂在屋檐下进行干燥。

试着一起来做豆瓣酱吧！

豆瓣酱是中餐制作麻婆豆腐必用的调味料。此处所列的材料和分量都只是参考值，大家可以根据个人的喜好来调整。豆瓣酱的制作方法每家都有所区别，有的只加入姜末和蒜碎，有的还会添加花椒、菜籽油等。如果有条件的话，使用切碎的新鲜辣椒会更加正宗，可以根据自己吃辣的能力准备50～100克新鲜的辣椒。如果将辣椒面和新鲜辣椒混合使用的话，味道会更加浓烈。另外，在中国还有将蚕豆用霉菌发酵的制作方法，此书中用了日本的干燥米曲来代替。

1. 准备蒸好或者煮好的去皮蚕豆100克，干燥米曲30克，盐20克，辣椒面30克，一起放入带密封链的保鲜袋里。

2. 加入少量煮蚕豆的汤汁，用手捏碎蚕豆，注意不要捏成浆糊状，捏至成颗粒即可。

3. 将保鲜袋中的空气完全压出，封闭保鲜袋的口，在常温下存放。偶尔揉捏一下，一个月左右后即可食用。

4. 放置的时间越长，味道越醇厚。还可以将制好的豆瓣酱装入瓶中，浇上一层油以防止其酸化。

世界的甜酒

甜酒跟纳豆一样，常被认为是日本特有的发酵食品。但在亚洲其他国家，也有将大米经过霉菌糖化制成的甜味的饮品，它们也是跟甜酒相似的发酵食品。此外，如果将谷物和水一起发酵（这里特指既不加热用于生产面包，也不进行酒精发酵用于生产酒的发酵过程）产生的液体或者糊状的食物都看成是"甜酒的伙伴"的话，那世界上还有很多类似的发酵食品。

泰国甜酒

将泡过冷水的糯米蒸熟，加入被称为"Luke Pen"的根霉菌饼曲，使其糖化就制成了泰国甜酒（Khan Mak）。虽然它跟日本的甜酒非常相似，但其酸味要更浓一点儿。泰国甜酒一般会使用白糯米来制作，但市场上也有使用红糯米制成的Khao Mak。它还可以当作甜点来食用，进一步发酵的话就会变成酒。

市售的袋装Khao Mak

当地市场可以买到用红糯米制成的 Khao Mak。

马来塔派

这是马来西亚和印度尼西亚都很盛行的发酵食品。它是将蒸熟的粳米揉成团，撒上捣碎的饼曲（Ragi）进行发酵而成的，也被称为"塔佩（Tape）"。原料可以采用糯米、黑米，甚至木薯，有时也会被包在香蕉叶里面作为甜点出售。进一步发酵之后里面会出现酒，也称"塔派（Tapai）"，一般会装在罐子里，用吸管喝。

市售的包在香蕉叶里的塔派

米做的塔派比日本的甜酒要酸很多。

木薯做的塔派常用来做珍珠奶茶的芋圆。

米酒

米酒是一种盛行于中国南方的甜酒。它是将糯米用"曲"糖化而成。人们经常在其中加入白玉小圆子做成甜点"酒酿圆子"，也有人拿来做甜味调料。

市售的瓶装酒酿

传统中式甜点酒酿圆子

甜酒的伙伴？

韩国的清酒不用曲和霉菌发酵而成，而是用麦芽汁中的酵素使大米糖化而成的，深受韩国料理爱好者的喜爱。俄罗斯的知名饮料格瓦斯是用黑麦面包干经发酵后制成的，虽然它跟甜酒完全不同，是一种像啤酒一样的起泡性饮料，但它不是酒，而更像是一种谷物果汁。

韩国的清酒

俄罗斯的格瓦斯

茶

虽然一般来说，绿茶是非发酵茶，乌龙茶是半发酵茶，红茶是发酵茶，但这里说的"半发酵"和"发酵"并不是真正意义上的微生物发酵。制作乌龙茶和红茶时，利用的并不是微生物，主要是茶叶中的酵素。与之相反的是，普洱茶和日本碁石茶等"后发酵茶"的制作过程中会伴有霉菌和乳酸菌等微生物的发酵。为了区别真正意义上的"发酵茶"，有时也将这些茶叶称作"微生物发酵茶"。

茶的分类
非发酵茶···绿茶
半发酵茶···乌龙茶
发酵茶···红茶

后发酵茶的生产工艺

一共有三种发酵原料：利用空气中的氧气进行繁殖的霉菌属于好气性发酵，采用重石压着茶叶桶来隔绝空气以繁殖乳酸菌的厌气性发酵，融合了好气性发酵和厌气性发酵两种发酵方式的发酵。另外，缅甸的茶沙拉是"可以吃的茶"。

后发酵茶（微生物发酵茶）	分类	茶（产地）	采摘	加热		好气性发酵	厌气性发酵		干燥
	好气性发酵（霉菌）	普洱茶（中国云南省）	采摘茶叶	炒青	揉捻	霉菌发酵		翻堆	晒干
		吧嗒吧嗒茶（富山县）	采摘茶叶	蒸青	揉捻	霉菌发酵			晒干
	厌气性发酵（乳酸菌）	茶沙拉（缅甸）	采摘茶叶	蒸青			乳酸菌发酵		
		阿波晚茶（德岛县）	采摘茶叶	煮青	揉捻		乳酸菌发酵		晒干
	好气性+厌气性发酵（霉菌+乳酸菌）	碁石茶（高知县）	采摘茶叶	蒸青		霉菌发酵	乳酸菌发酵	裁断	晒干
		石鎚黑茶（爱媛县）	采摘茶叶	蒸青		霉菌发酵	揉捻 乳酸菌发酵		晒干

巧克力和咖啡

可可果
可可果肉
可可豆

巧克力的发酵

近年来，公平贸易的实现带来了可可豆的自由买卖，Been to Bar模式（即从可可豆采摘到巧克力生产、销售的一贯制加工模式）的巧克力制造商也不断增加。可可豆荚中提取的白色可可果肉经发酵后可以去除包裹可可豆的"果浆"，这对保持巧克力的味道也有良好的作用。

咖啡豆的精制

咖啡豆的处理方式主要有三种：日晒制干法处理、水洗法处理、半干半湿法处理。通过水洗法处理脱去外皮和果肉的咖啡豆，在水中进行发酵可以除去附着在咖啡豆上的那层黏膜。

奇幻的猫屎咖啡

据说印度尼西亚的"猫屎咖啡"因其稀缺性，被称为"奇幻的咖啡"。麝香猫只会挑成熟的咖啡果吃，而猫屎咖啡就是用其吃完咖啡果后排出的粪便里提取的咖啡豆加工而成的。据说由于麝香猫体内的消化酵素发挥作用，再经过肠内细菌发酵，制出的咖啡豆会别有一番风味。

发酵咖啡

咖啡豆的发酵，会创造新的口味，人们尝试着为味蕾探求新的"发酵咖啡"。据说越南的黄鼠狼咖啡跟猫屎咖啡的发酵过程很像。还有产自印度尼西亚亚齐省加约高原的Gayowine（加约葡萄酒）咖啡，它是经过20天发酵精制而成的。另外，咖啡豆的处理过程中，也有使用香槟酵母和曲等作为引子来发酵的新尝试。

印度尼西亚的Gayowine发酵咖啡跟葡萄酒一样，具有浓厚的果酒的香味。

肉类发酵食品

禽类的肉经过微生物发酵后，不仅可以长期保存，味道还会变得更加醇厚。这种制造法主要用于生火腿、干腊肠等的加工，在古代欧洲就开始盛行。另外，泰国等东南亚国家，也会吃带酸味的发酵香肠。

意大利帕尔马火腿的熟成时间为 1～2 年。

生火腿

生火腿是将带骨的猪大腿肉用盐腌制后，不经过熏制等加热工序，而是采用长时间干燥熟成的方法得到的。熟成过程中微生物的发酵是最为重要的一步。意大利的帕尔马火腿和西班牙的塞拉诺火腿都非常有名，用精心饲养的伊比利亚黑蹄猪的猪肉制成的伊比利亚生火腿，跟塞拉诺火腿不同，它熟成时间更长，价格也更高。

风干香肠

风干香肠是在剁碎的猪肉里添加调味料后，塞入肠衣中，然后干燥熟成而得到的，比如意大利的萨拉米香肠和西班牙的橡果猪肉肠（Salchichon）等。跟生火腿一样，风干香肠采用的是利用乳酸菌和酵母作用的自然制法，通过发酵可以防止杂菌的繁殖，并且氨基酸会使得风干香肠的香味更为浓郁且富有层次。意大利、法国、澳大利亚、匈牙利等地还有表面涂上白霉菌使之熟成的风干香肠。

萨拉米香肠表面的白霉菌与卡蒙贝尔奶酪的霉菌类型相同，在霉菌生长过程中，肉中的水分减少，而鲜味却大增。

金华火腿

金华火腿是高级中餐厅不可缺少的食材之一，也是制作"上汤"的原料。

金华火腿起源于中国浙江省金华市，距今已有一千多年的历史，与意大利帕尔玛火腿、西班牙塞拉诺火腿并称为世界三大火腿。金华火腿利用霉菌的发酵作用去除水分，增加鲜味，可以切成薄片食用，也可以作为提味的食材用于烹制各种菜肴，也被用来作为上汤（中国菜中的高级汤或者鲜汁汤）的食材。

泰国的发酵香肠

伊善香肠

伊善香肠是起源于泰国的伊善地区的发酵香肠。这种香肠在泰国非常流行，在泰国全国都可以找到卖这种香肠的小吃摊。它是用猪肉末和糯米、蒜末等混合调制而成，带有发酵的酸味，一般会做成一颗颗圆滚滚的小球，然后烤着吃。

烤伊善香肠的时候，是一个个围着盘子放成一圈烤制的，还可以配花生和生姜一起食用。

纳姆香肠

纳姆香肠和伊善香肠一样，也是泰国东北部的特产，做法也很相似，都是用猪肉末、糯米和蒜末混合而成的，还有加入整个的辣椒制作的。纳姆香肠的特点是直接吃的比较多，味道也带有发酵的酸味，将它切薄片后配上花生、生姜丝就成了辛辣拌菜。市面上也有一种用袋装出售的纳姆香肠，外观非常像日本的"鱼肉香肠"。

纳姆香肠的酸味让人上瘾，虽然是泰国东北部伊善地区的地方特色，但在泰国首都曼谷的超市里也可以买到袋装的纳姆香肠。

奇幻的发酵 肉 酱 食品的复兴

一般来说，发酵调味料总共有四大类，除了用鱼贝类制作的鱼露等"鱼酱油"、用谷物类制作的"谷物酱油"之外，还有以蔬菜为原料的"草酱"和以肉类为原料的"肉酱"。当下，后两种调味料逐渐消失了。日本平安时代编纂的《延喜式》里，就记载了以鹿肉和兔肉为原料制成的肉酱。中国的《周礼》也有对肉酱的相关记载：将风干的肉切成肉丁，再加入曲、盐、酒等一起发酵便制成了肉酱。

中国的《周礼》记载了肉酱的制作方法。

在当代，日本正在尝试复兴消失的肉酱，且已经有商业化的产品了。肉酱发酵时，主要还是使用曲霉菌。除了传统意义上的复兴，还充分考虑行业发展，即将不产蛋的废鸡和畜肉产品加工后的下脚料作为肉酱原料进行有效利用，做出来的肉酱非常美味可口。可以预见的是，发酵饮食文化回归的日子指日可待！

日本的一款用来调制肉菜的肉酱。

臭味发酵食品

奶酪和纳豆等食品，经过发酵产生的气味强烈而独特，不同的人或者不同的文化对其接受度也不一样。其中，被称为"世界三大最臭食物"的是鲱鱼罐头、鳐鱼片、基维亚克。此外，还有日本的代表性臭味食物——臭鱼干。

第1位　鲱鱼罐头

瑞典的鲱鱼罐头被称为世界最臭的发酵食物。它的原料为鲱鱼和盐，将乳酸发酵过的鲱鱼装罐后，不进行平常的加热杀菌，而是任其自然发酵，继而散发出一种恶臭味，有时还会因为罐头里充满气体而发生爆炸。

鲱鱼罐头开罐时的注意事项

1. 不要在家里开罐，一定要到户外。
2. 穿上不要的旧衣服或者雨衣。
3. 开罐前要先放在冰箱里冷藏，降低内部气压。
4. 开罐头前一定要确保下风口没有人。

第2位　鳐鱼片

鳐鱼片是韩国全罗南道木浦市的地方菜。它是将整只鳐鱼用纸包起来，然后放入发酵缸里，盖上重物使其发酵10天左右制作的。此时鳐鱼自身的酵素就会发挥作用，它的皮肤里的细菌也会开始发酵，从而散发出强烈的臭味。据说鳐鱼片配米酒吃非常美味，但在咀嚼的时候，臭味会刺激得你直流眼泪。

第3位　基维亚克

基维亚克这种食品源于居住在北极附近的因纽特人的饮食文化。他们将50～100只海燕整个地塞到除去内脏的海豹的体内，然后将海豹缝合后埋入冻土层，再经过2～3年左右的发酵后取出食用。这时候，海燕除了翅膀以外，其他部位都已经变成了黏稠状。这种食品的食用方法是用嘴从海燕的肛门吮吸发酵后的体液。据说，基维亚克虽然奇臭无比，但却含有丰富的维生素。

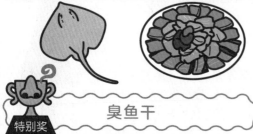

特别奖　臭鱼干

臭鱼干是日本伊豆半岛的特产，它是以鲹鱼、竹荚鱼、飞鱼为原料，腌制后发酵而成的。制作方式是将鱼类原料放入专门腌制臭鱼干的盐水里浸泡发酵，然后摊开晒干。据说发酵这一步是美味之源。发酵过的臭鱼干的汁液跟烤鳗鱼片的调味汁一样，越陈越珍贵。如果烤制的话臭气会更强烈，但也会让人吃了上瘾。

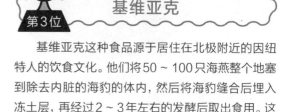

臭味测量器

这是发酵学者小泉武夫使用的一种测量食物臭味的设备。臭味的测量单位是"Au"，数值越大说明被测量的食物越臭，比如纳豆（363Au）、鲫鱼寿司（486Au）、烤臭鱼干（1267Au）、鳐鱼片（6230Au）、鲱鱼罐头（10870Au）等。

★摘自小泉武夫的《臭味食物大全》

Chapter
2

日本的发酵食品

从日本酒、味噌、酱油、鲣鱼干等世人熟知的发酵食品到碁石茶、
寒造里、糠渍河豚子等地方特产发酵食品，都很有特色。

日本酒

世界上有许多国家，大多数国家都有自己独特的酒文化。日本从古代开始反复实验，最终制成了日本酒。日本酒只使用了大米、曲霉菌、水等简单的材料，却具有其他国家的酒类所没有的独特香味，可以说日本酒是当地人智慧的结晶。

蒸米

制曲

培育酒母

制醪（发酵）

上槽（压榨）

过滤

加热

储藏

加水

装瓶、出货

■ 制作日本酒的三大主要步骤 ■

日本酒的制作过程大致如左图所示，主要是制曲——培育酒母（引子）——制醪三个阶段。日本酒的用料很少，但各个酒厂使用的原料不同，所以使用的技术也各不相同。此处给大家介绍一下酿造日本酒的主要步骤。

Step1 制曲

酿造日本酒的米很有讲究，跟普通的大米有些许不同，必须要用适合酿酒的"酒造好适米"。这种米比普通米颗粒要大，米的中心有"心白"，即看起来是白色的而非透明的米心。"心白"部分越大，酿出的酒口感就越纯，所以选好的米还要经过研磨加工，尽量只留下米心，这个过程叫"精米步合"。吟酿酒用的米经研磨后剩余原来的50%～60%，大吟酿酒经研磨后剩余原来的50%。因为越研磨米就会变得越小，所以在蒸米和制曲作业的过程中要特别留意温度和湿度的变化。但也有不经研磨，直接使用糙米和普通米来酿造酒的酒厂。

酿造日本酒用的曲霉菌，分为全面覆盖米粒、菌丝分布较广的"总破精型"（用于酿造纯米酒等），和仅生长于米的局部、菌丝扎根于米心的"突破精型"（用于酿造大吟酿酒等）。酒厂会根据想要酿造的酒来选择不同的曲霉菌。以前日本酒大部分使用的都是"黄曲霉"，但近年来也有使用"白曲霉"和"黑曲霉"来酿造烧酒和泡盛酒的。

精米步合，也叫提升精米度，指的是提升制酒的米磨过后剩余部分占原本的百分比。图中从左至右依次为：100%（糙米）、90%（大米）、60%（吟酿用米）。

酒母内的小剧场 可怜的乳酸菌

1 曲霉菌孜孜不倦地制糖，甜党派的菌群异常活跃，但其他菌群却因为寒冷而不能动弹。

2 此时，喜寒乳酸菌逐渐靠近，非常开心地吃掉糖，并不停地产出乳酸。乳酸菌团体变得非常强大，其他杂菌就更加没有了容身之地。

Step2 培育酒母（引子）

制曲完成后的下一步是培育酒母。酒母，顾名思义"酒的母亲"，也就是酿酒的引子。如果一开始就用大桶装上酒曲、蒸米、水来酿酒的话，容易混入杂菌，就酿不出好喝的酒。所以首先用专门培育酒母的小桶来繁殖乳酸菌和酵母菌，这样就可以培育出没有杂菌的纯酒母。

生酛酿造和山废酛酿造

因为杂菌怕冷，所以尽量选在冬天的早晨等寒冷时刻进行作业。在浅盆里放入冷水、酒曲和冷却过后的蒸米，然后进行搅拌。等到酒曲和蒸米充分吸收水分后，数名酿酒工人拿着铲状的桨（一种捣米兼搅拌的工具），一边唱着歌谣一边将酒曲和蒸米捣成糊状。在此过程中，曲霉菌的酶将大米的淀粉转化为糖，糖和空气里的天然乳酸菌和酵母菌等发生反应，制造出复杂的味道。作业时唱的歌谣有着沙漏一样的计时作用，其节奏还可以调节速度、鼓舞士气。这种碾碎大米和酒曲的工序叫"山卸"，用这种酒母酿成的酒叫"生酛酿造"酒。这类酒大多拥有浓郁而偏酸的口感。

日本明治时代后期，人们发明了新的制造工艺——"山卸废止酛酿造（也叫山废酛）"，即山废酛酿造。首先将酒曲和水混合制成水曲，等水曲的酶化开之后再加入蒸米，然后不用桨捣制也能制造出和生酛酿造的味道基本接近的酒。

将磨好的蒸米倒入一个大酒母桶里面，加入水曲，然后放入名为"暖气桶"的热水壶中慢慢加热，曲霉菌也变得越来越活跃，甜味也会随之增加。乳酸菌产生的乳酸防止了杂菌的产生，而酵母菌在糖充足、温度合适的理想环境里更加活跃，很快就把糖转化为酒精和二氧化碳。酵母菌产生的二氧化碳会使原料噗噗冒泡，这被称作"喷涌"，出现喷涌现象之后的3天左右，甜味减少，随之会产生酸味和酒精的辣味，味道熟成后就大功告成了。酛的培养时间大概为一个月。

速酿酛酿造

速酿酛酿造只需要添加酒曲、蒸米、水、乳酸菌和人工培养的酵母菌到酒母专用的小桶里，就可以开始培育酒母了。14天左右就可以将酒母培育好。得到的酒母酒精成分低、酸性很强、无杂菌，味道的层次也很丰富。现在多数的酒厂都使用速酿酛来酿造日本酒，也有混合使用生酛和速酿酛，以及在生酛里面加上人工培养的酵母添加剂进行酿造的。

添加的酵母菌基本上都是"日本酿造协会"认定的"日本酵母"。即使是使用同样的大米，放入的酵母菌等不同，味道也会不同。从最基本的纯酒味到各种水果香味，十分丰富。还有的酒厂坚持使用自己独门制造的酵母菌。

3

既不怕冷又不怕酸的酵母菌登场了。它以比乳酸菌更快的速度抢食糖。然后，乳酸菌就沦落到被自身产生的乳酸打败的地步。

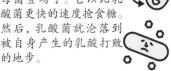

4

用暖气桶提高温度后，进行搅拌时会进入空气，这时候，既喜温又好空气的酵母菌就独霸一方，乳酸菌陷入了更加悲惨的境地。

5

温度上升后，乳酸产生的速度加倍！讨厌空气的乳酸菌在被搅拌以后，逐步逼近死亡的境地。呜呼，酵母菌完胜！呜呼，可怜的乳酸菌！

在小桶里培育好酒母后，下一步就是在大桶里制作醪糟了。为了不让酒母内培育出来的酵母菌老化，将材料（即酒曲、蒸米和水）分为三次倒入，慢慢发酵。这个过程叫作"三阶段制程"。第一天是"初添"，第二天是为了促使酵母繁殖而停止下料的"踊"，第三天是"仲添"，第四天是"留添"。每天慢慢增加酒曲、蒸米和水。（大约比例为初添：仲添：留添=1：2：3）。此外，也有分四个阶段添加材料的。

"曲霉菌的酶引起的糖化"和"酵母菌引起的酒精发酵"两个过程同时在大桶里进行。这叫"并行复发酵"，是日本流行的发酵方法。得益于此，日本酒是酿造酒中酒精度较高的酒（日本酒的原酒度数为20%）。

留添之后再经过数十日，醪的表面会被气泡所覆盖（也有不起泡的酵母菌）。渐渐地，气泡会变细，像是快要从桶里溢出来了，但数日后气泡又拉宽，变成像大球一样的大气泡。等气泡慢慢散开，在醪的表面形成一种被日本人称为"盖"的薄膜时，发酵就算完成了。

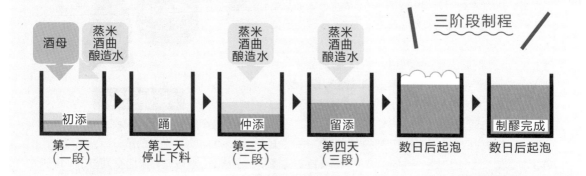

三阶段制程

酒母 蒸米 酒曲 酿造水	蒸米 酒曲 酿造水	蒸米 酒曲 酿造水		
初添	踊	仲添	留添	制醪完成
第一天（一段）	第二天 停止下料	第三天（二段）	第四天（三段）	数日后起泡	数日后起泡

过滤

酒酿成之后，把酒液从醪中榨出，这个过程称为"上槽"。上槽后的酒液里因还残存着酵母菌，所以呈现白浊色，这时候需要去除渣滓。渣滓去掉之后，还要再进行过滤。一直以来，日本人都是使用活性炭进行过滤，使用的活性炭越多杂味去除得就越彻底，味道就会越清爽。还有用过滤器，通过过滤纸、过滤布的"素过滤"，这种过滤只去除了杂质，保留了日本酒本来的味道。现在的很多酒即使标着"无过滤"，但实际上是经过了这种"素过滤"的。

加热

过滤好的日本酒在出货前要进行加热。这是为了防止品质劣化，浇上热水以便高温杀菌。加热一般会在储藏之前和装瓶之前各进行一次。完全跳过加热工序的清酒叫生酒，只在储藏之前进行加热的则是生装酒，只在装瓶之前进行加热的是生储藏酒。此外，加热的次数和时间都会影响味道的变化。

加水

加水是为了将日本酒的酒精度数调整为15%～16%。未经加水的日本酒称为"原酒"，酒精度在18%～20%之间。8%～14%的低度数酒，大多都是加了很多水兑成的，但最近也出现了不加水的"低酒精度原酒"，比加水的酒更好喝。

日本人比路易斯·巴斯德更早知道加热杀菌法！

法国的细菌学家路易斯·巴斯德，于1860年证明了微生物和红酒等发酵食品的密切关系。他于1866年提出了加热灭菌的"高温杀菌法"。但是日本人早在300多年前，就在日本酒的加热阶段，采用了低温杀菌（在60～65℃下加热1～10分钟，使酶失去活性，从而达到灭菌的效果）。

各种各样的日本酒

纯米大吟酿酒（大吟酿酒）

使用“精米步合度”为50%以下的大米，经低温长时间发酵而成，具有水果的华丽香氛，是最高级别的日本酒。

纯米吟酿酒（吟酿酒）

它与纯米大吟酿酒的区别在于，其使用的米“精米步合度”在60%左右，味道比“纯米酒”更加清爽可口。

纯米酒

这种酒能够让人真实感受到大米的香味，具有朴实厚重的口感。

本酿造酒

口感好，淡雅芬芳，多被誉为“淡丽辣口”。

长期熟成酒

经三年以上熟成，颜色也变成了琥珀色。这种酒兼具黄酒和白兰地的口感。

香槟清酒

跟香槟一样，口感非常清新爽口，味道从甜到酸各种各样都有。

浊酒

压榨醪糟的时候用的是粗孔的酒兜，所以成品呈白浊状，有浓浓的大米香和奶油的口感。

新潮酒

这是脱离了传统概念的酒。比如使用烧酒专用的曲霉菌或者红酒专用的酵母酿造的酒，具有酸奶口感的甜酸味酒。

日本酒的历史

虽然还不清楚日本酒的起源，但据说从石器时代开始酿造的口嚼酒是日本酿酒的开端。

口嚼酒是将坚果（板栗、栎木的果实等）研成粉末和山药等嚼过后吐在容器里，利用唾液里含有的淀粉酶使淀粉糖化，然后加入天然酵母发酵而成的酒。以大米为原料的酿酒好像是日本弥生时代初期跟大米的传入同时发展起来的。根据701年日本制定的《大宝律令》可知，其朝廷内设有造酒司，专门用来酿造祀奉神灵的酒。不久，僧坊（寺院内僧侣住的房子）当地也可以酿酒了，直到日本室町时代才诞生了酿酒师。据说当时以京都、大阪为中心，周边区域大约有300家酒厂。

了解日本酒历史的各种书籍

日本弥生时代后期《魏志·倭人传》

这本书上写日本人的祖先“生性好酒”，还写有“丧主哭泣，他人饮酒”的送葬风俗，但这种酒是米酒还是口嚼酒就不得而知了。

公元712年《古事记》

记载了来自百济的名叫须须许理的酿酒名人来到日本，向日本大和朝廷第十五代应神天皇献酒，喝了酒的应神天皇借着微醺的美好心情，吟了一首诗歌。

公元720年《日本书纪》

书中记载了须佐之男将八岐大蛇（拥有八个头的巨蛇）灌醉斩杀的神话。

公元759年以后《万叶集》

在很多诗歌里可以发现，这时候日本出现了不同于宫廷酿酒的民间手工制酒。好像当时还用布或者笸箩过滤浊酒，以喝到更为清澈的酒。

公元927年《延喜式》

书中记载了十多种稀有的酒。比如酿酒法跟现代基本相同的酒、天皇御用的浓酒、代替水的酒、加入麦芽变甜的酒、酒曲成分多的甜酒等。

公元1489年《御酒之日记》

这是一本记录民间酿酒技术的书。它不仅清楚地记载了日本现代酿酒法的根源，还记载了乳酸发酵的应用，加热导致的酶及菌群的变化等。

公元1478～1618年《多闻院日记》

这是在奈良兴福寺内写成的跨越140年历史的书。书中对于江户末期以后酒的酿造法已经确定，加热杀菌（跟巴斯德的杀菌法一样）等都有详细记载。

酒糟

酿造日本酒的过程中，过滤醪得到的是清酒，剩下的残渣即是酒糟。以前说到酒糟的时候，人们只能想到糟汁或者甜酒，但现在酒糟还被用于制作各种各样的菜肴。比如用微波炉加热10秒左右使酒糟变软，加入咖喱粉和盐搅拌，再将搅拌物加入鸡肉或者鸡肝中拌匀，放入冰箱冷藏1~2天后再取出做烧烤（注意不要烤焦了）；或者将酒糟溶于高汤里，制作辣白菜豆乳火锅（推荐使用猪肉）；或者在味噌酱里加入1/3的酒糟，味噌汤的味道会变得更香醇等。因为有酒糟的存在，饮食也变得丰富多彩起来。即使不用来做菜，把板状的酒糟切成适口大小，稍微烤一下，然后蘸上白糖或者甜酱油吃，或作为下酒菜蘸上芥末酱油吃，都是值得尝试的美味。酒糟味道鲜美、营养丰富，而且还有美容的作用，强烈推荐在冰箱里常备。不过，因为它含有酒精，所以开车的人和不胜酒力的人吃的时候要注意。

酒糟的种类

板糟

日本酒的醪是用薮田式压榨机压制的，剥下酒糟的时候，板状的新糟叫板糟，它是呈米黄色的。因为是板状，所以容易烤制。制作味噌的时候，在准备好的味噌上铺一层纱布，然后将板糟紧紧地压在上面，这样既能起到防腐的作用，也能使板糟更好地浸入味噌，以此法可以制作好喝的糟汤汁，非常方便。

散糟 / 粉糟

剥离板糟时产生的酒糟碎片，或者用袋子压榨后产生的酒糟，即为散糟或者粉糟，它们特别适合做料理。此处告诉大家一个小秘密，如果冬天去日本旅行的话，可以在当地的酒厂买到非常便宜的酒糟（不仅仅限于散糟/粉糟）。天冷的时候多买一点儿，用拉链式保鲜袋或者封闭容器保存起来，使其尽量不要接触空气，回家后放在冰箱的冷藏层或者冷冻层都可以存放很久。

练糟 / 踩踏糟 / 熟成糟

这种酒糟是将板糟和散糟放在桶里踩踏后储藏熟成的，略带茶色。因为已经熟成，所以非常绵软，有很浓的甜味和香味。用来浸渍白瓜的话，就成了奈良酱菜。如果要腌制蔬菜、鱼、肉等，推荐使用这种酒糟。熟成糟基本上是用来制作腌菜的，如果用它来做菜，就可以品味到跟新糟不同的浓郁味道。

吟酿糟

吟酿酒采用的压榨工序压力小，所以压榨后的材料有一种像奶油一样的水润感，让人不禁有"还可以榨出酒来"的感觉。吟酿酒采用的是"精米步合"后磨到原来的50%~60%的大米，低温发酵而成，所以酒糟的颜色偏白，香气和味道也别具一格。在醋里加入相同重量的柔软的奶油芝士搅拌，再添加葡萄干（还可以加入鳕鱼子或者切碎的腌芥菜等）做成蘸酱，再配上咸味饼干，就可以成为搭配红酒的小吃了。

酒糟的榨取方式

将醪中的酒液和酒糟分离的过程称为上槽。上槽一般会使用薮田式自动压榨机，但在酿造大吟酿酒等酒时，使用的还是传统工艺的酒袋，即用吊袋的方法，让酒液自然滴下，然后再在酒槽里面压榨酒袋。还有一种罕见的"吊木压榨法"，在大木头的一头用绳子捆上重石，然后从天井上吊起来进行压榨。

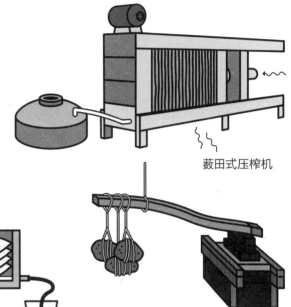

薮田式压榨机

吊袋

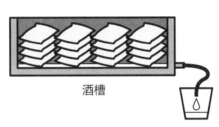

酒糟

吊木压榨

酒糟的功效

虽说酒糟是酿酒后的渣滓，但它富含碳水化合物、蛋白质、膳食纤维、维生素及矿物质等多种对人体有益的成分。其中蛋白质被消化后产生的成分有一定的预防高血压、预防肝硬化、预防健忘症、抗氧化（防止老化）、抗过敏、预防骨质疏松等功效。此外，酒糟还有消除疲劳、抑制胆固醇过高、促进消化（清理肠道的作用）等作用，好处多到让人怀疑是不是吃了它就不会生病的程度。

酒糟面膜

酒糟面膜可以缓解干燥，对抗肌肤敏感，改善皮肤粗糙，对抗青春痘等。

酒糟里面含有的亚油酸以及熊果苷是改善皮肤问题的"万能王"。

1.将少量的酒糟用微波炉加热10秒左右，观察是否变软（未变软可再加热10秒），再加入同等量的凉水或者温水，一直搅拌到非常润滑。

2.涂在脸上，敷15分后，用水洗干净。

仅仅这样做就可以让皮肤变得湿润、光滑、水嫩，还可以起到美白效果。

酒糟不仅可以内服，还可以外用。但是因为个人体质不同，如有不适请立即停用。

烧酒

据说烧酒在日本拥有五百多年的历史。日本南九州市因气候温暖，很难酿造清酒，所以采用的是在米曲里添加主原料和水，再进行发酵、蒸馏的"大碗工艺"来酿造烧酒。烧酒是日本蒸馏酒的总称。传统的烧酒叫"乙类烧酒"，明治后期用从其他国家传入日本的连续式蒸馏机进行蒸馏并用水稀释的烧酒叫"甲类烧酒"。2006年日本酒税法改革以后，"乙类烧酒"被称为"单式蒸馏烧酒"或者"本格烧酒"，"甲类烧酒"被称为"连续式蒸馏烧酒"。

烧酒酿造

制曲	第一次下料	第二次下料

将大米、大麦等原料洗净蒸熟，撒上曲霉菌制曲。

将酒曲、水、酵母放入容器里，使其糖化、发酵一周左右，得到"一次醪"。

将"一次醪"转移到大容器里，添加水和主原料（大米、大麦、薯类、黑糖等），再次糖化、发酵，得到"二次醪"。

装瓶	蒸馏、储藏

装瓶后打包出售。

把"二次醪"用蒸馏机进行蒸馏，将得到的原酒进行过滤、储藏、熟成、调和后，将酒精度调至25%。

做烧酒的主要原料

米烧酒

在日本，熊本的球磨烧酒很有名。习惯以大米为主食的日本人，很容易接受大米固有的甜香味，所以即使不喜欢烧酒的人，对于米烧酒，也能开怀畅饮。

麦烧酒

这种酒主要在日本的大分、宫崎、长崎地区生产。大多数麦烧酒都没有特别的气味，而是有大麦的芳香。麦烧酒口感清冽且层次丰富。

芋烧酒

芋烧酒具有强烈的特殊气味，以前它不怎么受欢迎，但随着"黄金千贯"地瓜的出现，以及蒸馏技术的提升，在酿酒过程中抑制了地瓜的特殊气味，形成了丰富的口感。成品中地瓜所特有的甜香味，成了其标志性的特征。

黑糖烧酒

这是一种只允许在日本奄美大岛酿造的"岛酒"。与用甘蔗酿造的朗姆酒很相似，但它发酵时用的酒曲里有黑糖。黑糖烧酒口感柔软，还带有水果的芬芳。

其他的烧酒

除前述几种烧酒外，在日本还有用紫苏、板栗、芝麻、荞麦、谷子、土豆、南瓜、葵花籽、海藻、牛奶等酿造的各种各样的烧酒。在日本，除了法律上规定的不能用作酿酒原料的食材，其他食材都可以用来做烧酒。

烧酒醪里进行的操作

以前酿造烧酒使用的是与酿造清酒一样的黄曲霉菌，但因为它特别容易变质，所以从1907年开始使用了可以防止出现杂菌并能生成柠檬酸的黑曲霉菌（泡盛酒使用的也是它）。然而，1911年，被誉为"日本近代烧酒之父"的河内源一郎在保存黑曲霉菌的时候，发现了因突变而形成的白色霉株。因为这种霉株也适合酿造烧酒，所以自那以后，几乎所有的烧酒使用的都是白曲霉菌，当然也有仍在使用黑曲霉菌的。

河内源一郎
（1883～1948）

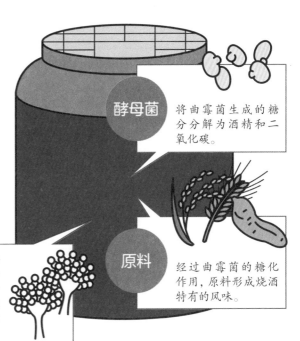

酵母菌
将曲霉菌生成的糖分分解为酒精和二氧化碳。

原料
经过曲霉菌的糖化作用，原料形成烧酒特有的风味。

曲霉菌
通过发酵将原料（大米、芋头等）中的淀粉糖化，还可以使其产生大量的柠檬酸，这种酸具有强酸性。虽然这种酸性环境不利于有害细菌的存活，但却是酵母生存的理想环境。蒸馏的时候，酸性也不会挥发，所以烧酒不会带酸味。

单式蒸馏烧酒（本格烧酒）的饮用方法

加热水

在日本九州地区，兑热水喝烧酒的人很多。据说最佳的喝法是先将85℃左右的热水倒入玻璃杯中，然后将烧酒加入热水里饮用。热水和烧酒的比例一般为6∶4或者7∶3，当然也有使用5∶5或者4∶6的比例来制作的。

加冰块／加凉水

夏天推荐在烧酒里面加冰块或者加凉水。这样兑好的烧酒，辛辣的口感就被抑制住了，不喜欢喝的人也可以接受。在日本宫崎县，人们爱饮酒精比例为20%的烧酒，加冰块喝就再合适不过了。

直接喝

直接喝的话可以感受到烧酒那浓郁的酒精味道。饭前饭后喝一点儿烧酒也是一种享受。

事先加水

事先在烧酒里面加入水，静置1天~1个月，然后将其冰镇或者烫热了喝。因为是事先加的水，水和烧酒可以很好地融合，口感变得更加圆润、醇厚。水和烧酒的比例大约为6∶4或者5∶5。可以用酒壶加热，如果有条件最好用"灯笼壶（有黑灯笼壶和白灯笼壶等）"加热，注意要离火远一点儿，慢慢加热。

根据个人喜好加材料

还可以在烧酒中加入梅干等果干，或者加入柠檬等鲜果汁，还可以试试将麦烧酒加入麦茶中。日本人还有加入奶泡的喝法，不可思议的是烧酒的甜味被奶泡衬托出来，热着喝，味道非常可口。在荞麦面馆里一边蘸着味噌酱吃荞麦面，一边喝着加了荞麦面汤的荞麦烧酒，也是人间美味。

喝烧酒的健康效果

据说每天喝100毫升（酒精比例为25%以下）的烧酒被日本人认为是适量的。当然也有个体差异，据说活到了120岁的日本高龄老人泉重干代，每天晚上要喝兑水的黑糖烧酒。其中酒精比例为30%的黑糖烧酒7勺（约130毫升），用2杯（约360毫升）水稀释。在晚上悠然自得地小酌一杯，可以起到减压放松的效果。

连续式蒸馏烧酒（甲类烧酒）的饮用方法

居酒屋的人气碳酸酒

居酒屋很受欢迎的一种酒叫"CHU-HAI（可音译为'初嗨'）"，这是一种由甲类烧酒和苏打水制成的烧酒。通常会加入柠檬、柚子等水果的果汁和碳酸饮料，这样会带来清爽口感。还可以加入苹果汁、橙汁、乳酸饮料和碳酸饮料，这样会带来甜果汁般的口感。还有兑茶喝的。这些都是值得尝试的喝法。居酒屋的老板们下功夫创造出各种各样的口味，比如将柠檬冰冻起来代替冰块再放入烧酒里面等。

日本东京下町的人气饮品

过去，对于日本东京下町的老百姓来说，啤酒和威士忌都是高级饮品。因此，人们经常喝添加了啤酒风味的低酒精度碳酸饮料（以麦芽和啤酒花为原料做的一种饮料）的甲类烧酒，或者添加了梅子酱和碳酸饮料的琥珀色的"下町加冰威士忌苏打"等。因为这些饮品既便宜，喝后又不影响吃的菜肴的味道，所以即使到今天它们也依然是日本下町酒馆里的人气饮品。

果实酒

用梅子、草莓、苹果、梨子等做的果实酒，一般都是以酒精比例为35%的甲类烧酒为基础制成的。加入冰糖，让果实在有杀菌效果的高度数酒里长时间（半年左右）熟成，然后兑碳酸饮料或开水，或者直接喝，都可以尝到水果特有的风味和甜味。除了果实酒以外，还有用桂花泡的花酒，以及用大蒜、生姜、香草、香料、枸杞和人参等材料泡的药酒，这些药酒可以消除疲劳、滋补身体。浸泡不同的材料做出的酒可以达到不同的效果。

药草酊

药草酊是将干药草用酒精比例为35%的甲类烧酒或者伏特加酒精浸泡而成的。将迷迭香、薰衣草、野玫瑰果等干药草浸泡1～2个月后，过滤掉药草，将液体倒入遮光瓶，在阴凉的地方能够保存1年左右。既可以作为药酒饮用，也可以作为沐浴液在泡澡时用。用蒸馏水稀释之后混合甘油，还可以用作化妆水。使用的药草不同，效果也不一样，有的还可以作为驱虫剂来使用。

泡盛酒

说到中国明朝时的藩属国——琉球王国的名酒,当属泡盛酒了。在江户时代,它是萨摩人送给幕府的礼物,因此闻名各地。因为它是来自遥远南方地区的珍贵的酒,所以受到追捧,并被以高价销售。泡盛酒是一种用黑曲霉菌、泰国米制成的酒曲和水酿制而成的全曲烧酒,因此风味比普通烧酒更丰富。

泡盛酒的名字的由来

泡盛酒的名字的由来众说纷纭。第一种说法是"泡盛的原料通常是唐朝时从中国传入琉球国的唐粉(用压碎的大米做成的)或小米",因此有人认为泡盛的名字来源于小米。第二种说法认为酒在梵语中被称为"Awamuri(泡酒)",但是由于琉球和印度之间没有密切的联系,所以也有人认为这只是单词发音的巧合。第三种说法是,有传说"将质量好的泡盛酒倒入容器中时,就会产生泡沫",泡盛的名字由此而来。实际上,在过去,泡盛酒的品质的确是通过这种查看起泡的方法来判定的(当酒精含量高时,起泡就会特别好),为此人们还会用专用的容器来判定,直到今天仍然可以在琉球看见这种专用容器,因此该说法最具影响力。

泡盛酒的饮用方法

泡盛酒大致分为蒸馏不到三年的"新酒"和蒸馏超过三年的"老酒"。"新酒"具有泡盛酒的独特香气,令人耳目一新,但口感却很粗糙。"老酒"经多年熟成,具有浓郁的口感和柔和的香气,倍受珍视。通常人们会加水饮用,但是加冰块或者兑碳酸饮料后再调入柠檬汁等也很美味。此外,泡盛酒和炼乳混合后制成的"奶酒"味道很甜,宜于饮用,但要注意不要喝太多,因为它的酒精含量很高。如果是陈酿老酒,将其放在卡拉壶(一种陶制酒器)中,并用小酒盅小口品尝,更能品味其风味。尤其是已熟成十至十五年之久的老酒,应先放在卡拉壶里"醒酒"一段时间,使其口感变得柔和、稳定后再饮用。

花酒是什么

　　蒸馏泡盛酒时，将最先出来的那部分酒精含量高的液体单独收集起来，得到的酒称为"花酒"。本格烧酒的酒精比例上限为45%，但花酒的酒精比例最高为60%，因此被列为烈性酒。当倒入玻璃杯时，酒沫就像小花在水面上跳舞一样起泡，因此这种酒被称为"花酒"。由于是最先被酿造出来的酒，也有人因此将其称为"花开"。

御通是什么

　　在琉球的宫古岛，有一种饮酒风俗叫"御通"，即宴会上"轮流饮酒"。首先，主持人（例如宴会的组织者）手拿着酒杯站起来发表讲话，喝光杯中酒，然后将酒倒入同一只杯子中，交给下一个人。拿到杯子的人喝完酒并将其退还给主持人。主持人再往杯中倒满酒，递给下一个人。就这样顺延，直到最后一个人喝光杯中酒后，将酒倒入同一个杯子中，然后退还给主持人，并由主持人把酒喝完做陈词总结、表达谢意，然后提名下一位主持人。等所有参与者都当过一次主持人，并以相同的程序完成了轮转喝酒后，才算第一轮结束。之后还会进行第二轮、第三轮……

右边为宫古岛常见的"御通玻璃杯"，饮者可以对自己能喝的酒量进行申告。

太多
合适
少量
一点儿

宫古岛御通杯

老酒的酿造方法（次第熟成）

　　泡盛酒放得越久，其熟成的程度就越高，香气也就更浓郁，口感也会更醇厚。泡盛酒独特的熟成方法是"次第熟成"，使用这种方法可以品尝到老酒的独特口感。

　　首先，准备装有古老的泡盛"亲酒"的父瓮（即第一瓮）。然后，按时间顺序从右向左依次排列第二瓮、

第三瓮、第四瓮，将第二瓮的酒添加到父瓮中，将第三瓮的酒添加到第二瓮中，依此类推，并在最后的第四瓮中添加新酒。被舀出的酒再从新瓮移到父瓮后与亲酒混合，这样融合了老酒的香气，便可以一直享受老酒。这种熟成方法与西班牙雪利酒使用的"索乐拉方式（Solera System）"非常相似。

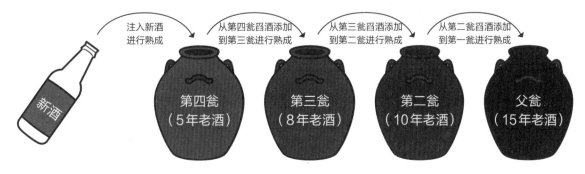

注入新酒进行熟成　　从第四瓮舀酒添加到第三瓮进行熟成　　从第三瓮舀酒添加到第二瓮进行熟成　　从第二瓮舀酒添加到第一瓮进行熟成

新酒　　第四瓮（5年老酒）　　第三瓮（8年老酒）　　第二瓮（10年老酒）　　父瓮（15年老酒）

灰持酒

灰持酒是什么

在一般的清酒酿造过程中，为了使发酵中的细菌失去活性并延长酒的保存时间，通常采取加热灭菌的方式，这样得到的酒称为"灰持酒"。在没有冰箱的时代，在气温较高的地区使用燃后的灰烬来防止酒酸化变质的"灰持酒"是主流，它的保质期很长。

灰持酒的原料

日本酒一般的"精米步合"度为50%～75%，而熊本县的赤酒的"精米步合"度为85%～90%，与普通大米大致相同。据说清酒用的是"十水"，即用大米10石就放水10石，但赤酒用的却是"五水"，即大米10石就放水5石。由于大米的量比水多，因此非常甜，甚至不需要下酒菜。

*这里说的1石是日本酿酒的容量单位，1石=180升。

清酒	赤酒
50%～75%	85%～90%

主要的灰持酒

熊本县：赤酒（饮用、烹饪用）。
岛根县（出云市）：地传酒。
鹿儿岛县：地酒。

用什么灰做灰持酒

做灰持酒使用的是由臭梧桐叶和山茶花专门制成的食用灰。在过去，据说著名的售灰店"灰屋九郎兵卫"曾制作过一种药灰，不仅可以改善酒的味道，饮用后还有助于缓解病痛，是一种具有治愈效果的特别调制的灰。

灰持酒的历史

成书于日本平安时代中期的《延喜式》中，记录了叫"白贵"和"黑贵"的两种清酒。书中记载，"所谓黑贵，是在制作白贵的醪糟中加入一种叫'久佐木'的树灰压榨而成的"。由此可以推测出，白贵是浊酒，而黑贵是灰持酒。

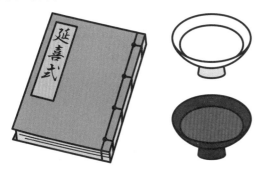

灰持酒的饮用方式

日本人会在新年前一天，将灰持酒（或加入一半清酒的灰持酒）用屠苏散（中国汉族民间岁时药物，不知何时传入日本，并被日本人利用）浸泡一整夜，然后元旦取出来饮用。

灰持酒可以在烹饪时代替料酒使用。灰持酒可以使菜肴中的部分食材从酸性变为弱碱性，禽肉和鱼肉会变得口感饱满而柔软，又有光泽。

在日本鹿儿岛县，有一种蘸着灰持酒一起吃的寿司，名为"酒寿司"。

"酒寿司"的制作方法

1 "酒寿司"配料是事先洗净并调好味的鱼肉饼、鱼糕、干香菇、木耳、野菜、三叶草、蛋皮丝及海鲜等。

2 将调好味的灰持酒倒入米饭中，搅拌均匀。

3 按照一层米饭一层配料（海鲜和蛋皮丝留用）的顺序依次将食材铺入容器中，最上面一层放上重物压实，静置4～5小时。

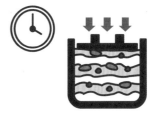

4 拿去压着的重物，在最上面一层铺上海鲜和蛋皮丝就大功告成了。吃的时候，根据个人喜好可再浇入一些灰持酒。

浊酒

浊酒美味而有趣。与其说是喝酒，不如说是将整个依然有活力的发酵菌群吸收到体内，并且过滤后的酒糟也可以制作面包等食品。不过，日本从明治时代开始，就禁止其国民自己在家酿造浊酒了。目前，制作浊酒需要获得酒类生产许可证，还需要一个专门制作浊酒的"浊酒特区"。此处，我将介绍如何制作浊酒以及如何使用酒糟，但一定要注意，实际上在日本私自制作浊酒是非法的。不过，如果饮料的酒精比例低于1%，则不能被认为是酒。

浊酒酿造

1 酿造水制备

将3杯大米（约540克）、1升水、装有半碗米饭的茶包放入干净的容器中。每天在水中揉搓茶包一次，使米饭化进水中。用纸巾或布盖住容器，并用橡皮圈将容器口封好，防止灰尘和昆虫等进入。米饭中的糖会使附着在大米上的乳酸菌和酵母菌的数量增多，并在2～4天内出现小气泡。

水1升
米饭茶包
米1杯 米1杯 米1杯

2 水酛制作

用滤网将大米和酿造水分离开来（把米饭茶包捞出，沥干水），过滤后的酿造水留用。将大米用布包好，放入蒸笼中蒸40分钟，或用2杯水（不包括在酿造水里）将大米煮熟，然后冷却至37℃左右。将蒸好的米饭（或煮熟的米饭）、酿造水、200克松散的米曲和茶包中的米饭一起放入容器中搅拌均匀。然后，用布封住容器口。

蒸熟/煮熟

酒糟的用法

过滤后的酒糟也会发酵。将其放入拉链式保鲜袋中，然后储存在冰箱中。有时袋子会发生膨胀，这时候就需要排气。

▷ 在市售的味噌里添加其重量的 1/4 ～ 1/3 的酒糟，可以当作日常味噌汤食用。

▷ 做成酸面团（或面包坯）使用。

▷ 再次制作浊酒时，还可以在水中加入一勺酒渣并混合当作酿造水。此外，也可以将其添加到市售的浓缩甜酒或果汁里，用布或纸巾盖住并放置一会儿，就会慢慢地开始发酵。

* 制作盐酒糟的方法

材料：

自制酒糟…200 克

盐…30 克

将材料充分混合，静置一晚，使味道融合即可。食用方法与盐曲相同，但制作腌渍咸菜的用时要比用盐曲制作用时更长一点儿会更好。因为含有酒精，食用后请注意不要开车。

○涂少量盐酒糟在生鱼片上，静置一晚，鱼肉的口感会变得柔和圆润，脂肪多的鱼则会变得清爽可口。

○将盐酒糟揉进禽肉或鱼肉中，放置一晚，然后直接烤着吃或炸着吃。

○如果用盐酒糟代替盐来炒菜，成品的味道会变得很浓郁。

○用市售酒糟制作盐酒糟时，请在 100 毫升温水（水温要在 60℃以下）里放入 100 克酒糟，静置 30 分钟～ 1 小时使其变软，再添加 30 克盐充分搅拌至糊状。

3 酒精发酵

在容器中，曲霉菌会将大米中的淀粉分解为糖，酵母菌将糖分解为酒精和二氧化碳，乳酸菌可以防止杂菌滋生，最后容器中的材料就变成了浊酒。此时，最初很坚硬的大米和酒曲变软。放置 2 ～ 7 天后即可饮用（温暖时发酵的时间较短，而寒冷时发酵时间会长）。

4 过滤

浊酒可以直接饮用，但因为很难入口，所以日本人常常会选择将其过滤（剩下的是酒糟）。将过滤后的液体装进装碳酸饮料的塑料瓶（准备 2 ～ 3 个塑料瓶，能装下大约 7 杯即可），然后放入冰箱冷藏。即使在冰箱中，发酵也会继续进行。因此，当从冰箱中取出，打开盖子时，要先稍微松开盖子，然后立即关闭，等待气泡沉淀下来，再松开盖子，并小心地打开。或者将塑料瓶放在碗中，然后慢慢打开。这样喝起来味道如酸奶一样酸甜可口。

更简单的制作方式

1. 将 3 杯大米磨碎，并用 2 杯水将其煮熟。
2. 将 1 升水、1 杯米饭、松散的酒曲、1 勺纯酸奶、5 克干酵母放在干净的容器中，然后盖上一块布或用厨房用纸封住容器口。
3. 再按上面"浊酒酿造"的第三步和第四步操作即可。

日式料酒

日式料酒（本章节内以下简称料酒）是由酒曲、糯米和烧酒制成的含酒精的调味料。料酒甘美可口，余韵悠长。长期以来，它一直被视为高级甜酒，至今仍然作为日本料理中的甜味剂而倍受喜爱。关于料酒的起源，有日本起源说和中国传入说两种。日本起源说的说法是，在日本福冈县有一种加了烧酒的甜酒，叫"练贯酒"，这种酒经过改良后就变成了料酒。中国传入说认为，中国有一种叫"味淋"的甜酒，它也被写作"蜜淋"。因为"淋"具有"滴落"的含义，所以它的意思是"像蜜糖一样滴落的甜酒"。在江户时代初期，从中国传入的味淋被日本人作为珍贵的甜酒固定下来。而后，在江户时代后期，日本人仿制中国的味淋生产出了料酒，后来也从饮料变成了调料。

料酒酿造

制曲

将糯米洗净、蒸煮，再撒上曲霉菌，制成酒曲。

下料

将酒曲、蒸好的糯米和烧酒混合后，放入容器中，制成醪。

糖化 / 熟成

约一周后，醪会变干，需要进行搅拌使其糖化并熟成。

装瓶

将料酒装瓶，打包后发货。

过滤

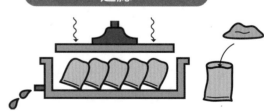

经过压榨后过滤出来的是料酒，剩余的则变成料酒糟。

料酒有甜味的秘密

制作清酒的原料是酒曲、蒸熟的米饭和水，而制作料酒的原料是酒曲、蒸糯米和烧酒。因此，制作清酒的时候，曲霉菌会将大米中的淀粉分解成糖，酵母菌将糖转化成酒精等物质，但在制作料酒的时候，需要加入烧酒来阻止曲霉菌产生的糖被酵母菌分解。换句话说，就是添加酒精来抑制一部分发酵。这样做的原因是糯米即使在酒精度很高的烧酒中也能被糖化，所以制出来的醪会持续不断地变甜。慢慢使其发酵的话，曲霉菌可将糯米的淀粉分解成多种糖，而且蛋白质也会被分解为氨基酸。由此，可以生产出多种甜度的料酒，味道不仅醇厚且有层次。

饴糖色的料酒

料酒若未经过加热灭菌，也没有添加糖类原料的话，经过长期熟成会变成深饴糖色。虽然淡黄色的具有细腻甜味的料酒很美味，但是长期熟成的饴糖色料酒的味道简直就像雪利酒一般。买一瓶料酒，随着时间的流逝，观察其颜色和口味的变化也是一种乐趣。

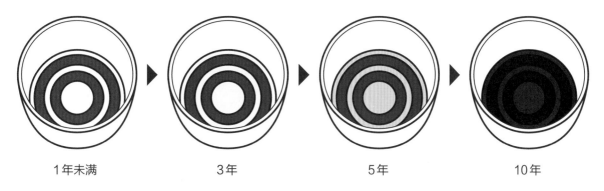

| 1年未满 | 3年 | 5年 | 10年 |

料酒的作用

▷ 在烹饪中使用料酒的话，会给成品带来甜味。甜味和酸味交织在一起，使菜肴的口感变得醇厚而丰富。

▷ 加热后料酒可以增加食物的光泽，并能去除禽肉和鱼肉的腥味。料酒还可以防止食材变质，并使调味料的味道充分融入菜肴中。

▷ 做鱼干的时候加入料酒可防止鱼肉变质。

▷ 料酒里的曲霉菌可将大米中的营养成分分解为人体易吸收的氨基酸和糖类。除此之外，料酒还含有大量的维生素B，因此，人们习惯将其视为一种夏日里的具有滋补功效的饮料。

▷ 据说，料酒具有抗氧化作用，可以抑制衰老。还可以提升免疫力，降低血压。

料酒酒糟的活用

▷ 料酒酒糟是白色蓬松状的，看起来像梅花，所以也被称为"溢出的梅花"。它的味道有点儿甜，所以以前日本人都是将其直接当零食吃的，但请注意不要过量食用，因为它含有酒精。

▷ 如果在奈良酱菜或守口酱菜的腌制材料里加入料酒酒糟，酱菜的味道会比仅用料酒腌制的更醇厚。

▷ 将料酒酒糟、水和糖加入研钵或搅拌器中，搅拌均匀后既成甜酒。这样做，可以享受到不同于普通甜酒的味道。

▷ 料酒酒糟常与饼干或者蛋糕等充分搅拌混合后烘烤食用。做法是将其与小麦粉混合，摊薄，用模具切成小块，然后烘烤即可。这样做出的成品略带甜味，非常美味。

▷ 在日本作家高田郁的小说《澪之料理帖》中"登场"的一道菜叫"鳖甲胶"，这道菜中的蛋黄在腌制时就使用了料酒酒糟。它是将料酒酒糟、白味噌、红味噌、料酒和清酒在研钵中混合，形成腌渍床后腌制蛋黄做成的。小说中这样描述道："它有一种黏稠的味道，让人不觉得它是生的蛋黄。它的味道好像凝结了鸡蛋的所有力量。"

▷ 将禽肉和鱼肉浸泡在料酒酒糟、味噌和清酒制成的腌渍床里，腌好后擦去粘在禽肉、鱼肉上面的料酒酒糟，然后烘烤食用。

可以喝的料酒

本直酒（柳荫酒）

本直酒（柳荫酒）是料酒和烧酒的混合物，也被称为"直酒"。在京都地区流行的艺术形式"上方落语"（类似中国的单口相声）中，有一出《青菜》，其中讲到这样一个场景——一位隐退居士向勤劳的种植园主推荐"柳荫酒"。在体现江户时代风俗的《守贞漫稿》一书中记载着："江户本直酒是将料酒和烧酒各加入一半制成的，不管叫本直酒还是叫柳荫酒，都是作为冷酒饮用的。"在江户时代初期，对于普通百姓来说，本直酒还不是普通的饮料，但到了江户时代中期，作为降暑的饮品，它已经变得很常见，将本直酒放入井里降温后饮用的方式变得很流行。在《守贞漫稿》中，虽然写着料酒和烧酒各加入一半的配方，但由于料酒是甜的，因此人们也常常按自己的喜好勾兑。与事先加水的烧酒相同，如果提前混合并放置一段时间，味道会变得更好。因为向其中加入了烧酒，故而酒精比例很高，所以口感颇为辛辣刺激，但这也正是它让人上瘾的地方。如果觉得难以入口，可以加入冰块和碳酸饮料。

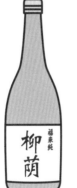

白酒

这里指的不是中国的白酒，而是每年三月日本女儿节上售卖的"白酒"。这种白酒是将料酒的醪不经过压榨过滤，直接捣碎放入料酒中制成。它味甜可口，但因含有酒精，所以最好不要让小孩子喝。

屠苏酒

日本受中国文化影响极深，在中国农历新年第一天，日本人为了欢度春节会喝从中国传入的屠苏酒，这是日本人希望在新的一年里去除厄运、希望自己能万寿无疆的美好期许。有些日本人只用清酒来做屠苏酒，还有一些日本人则将清酒与料酒混合在一起制作屠苏酒。作为原料的屠苏散里有5～10种药材，具有滋补、健胃、驱寒、净化血液、促进排汗的作用。此外，料酒富含营养，如果向用了料酒的屠苏酒中再添加碳酸饮料，真是既营养又美味啊！

料酒茶

在含有很多香料的印度茶里添加料酒，就可以制成料酒茶。香料的风味和日式料酒的香味融合在一起，形成了口感独特的料酒茶。还有一种制作方法，就是把料酒添加到普通的红茶或奶茶中。

料酒鸡尾酒

将适量的料酒倒入加了冰块的玻璃杯中，然后填满碳酸饮料并轻轻地搅拌混合。可以依照个人喜好添加柠檬汁、柚子汁等。这样，即使只兑入热水或者只添加柚子汁，它也会变成温暖身体的鸡尾酒。或者，可以通过在加冰的威士忌或苏打水里添加一点儿料酒来制成料酒鸡尾酒。

料酒冰激凌

在香草冰激凌上加入一点儿料酒，就成了适合成人口味的料酒冰淇凌。

醋

醋除了用来制作寿司和腌制酱菜外，也常常用于制作色拉和蛋黄酱等，是日本料理中不可或缺的调味料。据说醋是在4~5世纪由中国传入日本的。以前日本人称其为"泉醋"，因为最初日本人制作醋的地方是在当今日本大阪府南部的泉南市。公元645年后，日本皇室在宫廷里设立了一个酿造酒和醋的"造酒司"，专门为宫廷酿造酒和醋。醋从日本江户时代起在日本流行，明治时代后日本人利用从中国新学到的制造技术实现了批量生产。

米醋酿造

制曲 ➡ **发酵**

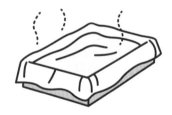

将原料大米洗净并蒸熟，然后撒上曲霉菌制成酒曲。

向酒曲中添加米饭和温水，使其中的淀粉糖化。然后加入酵母菌进行酒精发酵。

装瓶 ⬅ **熟成·过滤·调整·杀菌** ⬅ **醋酸发酵**

装瓶，打包，发货。

将醋酸发酵后得到的液体进行熟成并过滤。将酸度调节至原液的1.5%以上或更高一点儿，并进行灭菌。

压榨酒精发酵后的产物，并向其中添加醋酸菌，使之进行醋酸发酵。

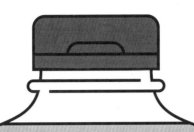

各种各样的醋

米醋
这是用大米制成的醋。可能因为它是由大米制成的，所以被广泛用于寿司调味。由于它几乎没有刺激性气味，而且酸味重，因此常用于调制日式菜品，例如醋拌凉菜。

谷物醋
由小麦、小米、玉米等几种谷物混合而成的醋。它是日本产量最高的醋，可广泛用于制作日餐、西餐和中餐。

黑醋 / 黑糖米醋 / 壶醋
以糙米为原料制成的醋。鹿儿岛县生产的醋被称为"壶醋"，因为制作它的地方看起来像是有壶从地里长出来的"壶田"。它也叫黑醋或黑糖米醋。有一些注重健康的人会把它当作饮料喝。

赤醋
用酒糟制成的醋。在日本江户时代，使用赤醋制作的简单江户前寿司代替了传统的寿司。至今，仍然有门店将其用作寿司醋。

醪醋
由泡盛酒制造过程中产生的酒糟制成的醋。许多人为了强身健体而饮用，因为它富含对身体有益的氨基酸和柠檬酸。

香醋
用各种杂粮制成的醋，例如糯米、高粱、小米等。主要是由中国制造的。因为即使加热也不会失去太多的香气和浓郁的口感，所以它是中餐必不可少的一种醋。

麦芽醋
这是将大麦、小麦、玉米等谷物中的淀粉糖化后制成的醋。因为它富含氨基酸，所以口感浓郁。适合制作西餐，例如用于制作蛋黄酱、沙拉调味料、酱汁和西式腌菜等。

药草醋
这是用醋浸泡草药（如薄荷、莳萝、月桂等）制成的。药草醋可用于制作沙拉和腌菜等。

柑橘醋
用柑橘汁制成的醋。它可以用作柚子醋的原料，也可以添加到烧酒兑苏打水的饮料里，还可以用于制作沙拉。

梅醋
腌制梅子干时，将盐和梅子放入瓮中静置一段时间，自然产出的梅子浸出物称为"白梅醋"，添加了红紫苏的白梅醋被称为"红梅醋"。这两种梅醋都可以用于制作烤肉和烤鱼，或者蘸食生鱼片以及制作速腌泡菜。

糖醋
由甘蔗制成的醋。将熬好的甘蔗汁放入一个瓮中，并利用特产的酵母菌和醋酸菌，使汁液发生酒精发酵和醋酸发酵。

苹果醋 / 水果醋
由苹果制成的醋叫苹果醋。成熟的、含糖量高的苹果适合作为制作苹果醋的原料。它具有优雅清爽的香味，可用于制作蛋黄酱和沙拉调味料等。如果缓慢添加牛奶并搅拌均匀，随着其中蛋白质的变化，可使苹果醋具有酸奶风味。另外，还可以制作以栌果、菠萝、葡萄等为原料的各种水果醋，可以品尝到各种口味和香气。

黑醋的制作方法

黑醋在日本鹿儿岛县雾岛市福山町附近已存在了200多年，是一种世界上少见的醋。它采用的是在一个坛子里进行淀粉糖化、酒精发酵、醋酸发酵的中国传统酿造法。

糖米曲

水

蒸熟的糙米
糙米曲

1) 依次将糙米曲、蒸熟的糙米、水放入坛子中，然后再在表面将糙米曲薄薄地且均匀地撒一层。糙米曲与空气接触，菌类就会不停地繁殖，最终紧紧地覆盖表面并保护内部免受杂菌侵害。

曲盖

淀粉   糖
酒精

曲霉菌

酵母菌

2) 将坛子放在阳光充足的地方。在糙米曲形成的"盖子"下面，曲霉菌将糙米的淀粉糖化，酵母将糖转化为酒精，两者同时进行（所以这一步也叫并行复式发酵）。

醋酸菌

3) 随着酒精量的增加，糙米曲形成的"盖子"开始下沉。然后，醋酸菌开始进行醋酸发酵。最终，表面会形成一层醋酸菌膜。

黑醋

黑醋醪

4) 熟成半年到一年后，液体的颜色变为褐色。熟成时间越长，颜色则越深。熟成两到三年，成品会更美味。

醋和酒是兄弟

做酒时，如果放任发酵的话，醋酸菌就会进入并发酵成醋。英文单词"vinegar（醋）"的原意是"酸酒"。在古代中国，醋写作"苦酒"。而在日本，醋过去被称为"辛酒"。这些都是很好的佐证。醋和酒最初是"孪生兄弟"，但是当醋酸菌到来后，它们突然变得像不同年龄的兄弟。

醋的功效

醋具有很强的杀菌和防腐的作用，因此能改善食品的防腐性，例如可用于制作鱼贝类的醋腌食品、醋拌饭寿司等。另外，它还可以用来去除食材的腥味。

食盐摄入过多会加速水分的代谢，导致身体浮肿，还易患高血压但是在烹饪中使用醋会使菜品尝起来更咸，从而可以用更少的盐就达到同样的咸味。这样可以预防高血压。

醋具有很强的抗氧化作用，能去除牛蒡和莲藕等食材的涩味，还可以减缓苹果的变色速度。

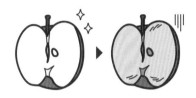

醋中所含的醋酸和柠檬酸会分解乳酸（乳酸会导致身体产生疲劳），所以具有一定的抗疲劳的作用。醋酸还可以促进葡萄糖中糖原的产生，糖原是能量的来源。因此，当人精疲力尽时，摄入糖和醋可以减轻疲劳，恢复元气。

醋的酸味会让人分泌大量的唾液，因此具有促进消化和增进食欲的作用。

醋酸可以促进钙的吸收，从而有助于预防骨质疏松症（但不可过量摄入）。除醋酸外，醋还富含将糖和脂肪转化为能量的成分。

醋酸可以抑制脂肪的合成，并促进脂肪的分解和消耗，从而防止肥胖，它还有助于预防因内脏脂肪积聚而引起的各种疾病。另外，醋酸还具有通过减缓糖的吸收来预防糖尿病的作用，以及预防高血压、预防脂质异常症等作用。

由于水垢和肥皂垢是碱性污渍，因此可以用醋中和法去污，还可以制成用香皂洗发后的护发素。

味噌

长久以来，味噌汤一直是日本人餐桌上不可缺少的菜肴。据说，近年来在日本冰箱里常备味噌的人正在增加，但是即便如此，当日本人在餐厅点餐时，通常还会被店家附送味噌汤。人在喝了味噌汤之后，总会不自觉地感到放松。味噌汤是一种出色的汤，可暖身、调理肠胃，并帮助清除体内的毒素和其他有害物质。在过量饮酒的第二天，喝味噌汤也有助于将酒精从体内排出，并减轻宿醉的痛苦。如果可能的话，尽量买带有透气小孔的保鲜袋来储存。或者买超市冷藏柜里销售的味噌，因为这样的味噌更美味。

味噌的历史

关于味噌的起源，有日本起源论以及中国传播论。关于日本起源论的说法是，在日本绳文时代的人类生活遗迹中发现了一种由橡子制成的名为"绳文味噌"的食物，它被认为是日本味噌的起源。另一种更可靠的说法是，中国古代的酱和豉传入日本，发展成日本人现在食用的味噌。

关于"味噌"这一名称的来源，据说日本大宝元年（公元701年）颁布的《大宝律令》中记载：它是"还未变成酱油前的固体物"，由此产生了"未酱"这个词，之后又经历了"未酱—未增—味噌"的发展变化。根据日本《延喜式》中的说法，日本平安时代（公元794年～1192年）高级官僚的薪水是用味噌或者糯米来支付的，由此可以推测出味噌在当时是一种奢侈品。直到日本室町时代（公元1336年～1573年），味噌汤才得以走进普通百姓的生活中。

味噌的功效

对于长期以来一直物资匮乏的日本人来说，味噌是宝贵的蛋白质来源。它是一种发酵食品，富含矿物质、氨基酸和维生素，能为人体提供丰富的营养。有人认为多食用味噌能预防癌症和高血压，还能起到强健心脏和养护毛细血管的作用。此外，味噌的茶色素成分具有一定的抗氧化作用，可对抗衰老和免疫力低下等。味噌汤的含盐量相对较低，可搭配蔬菜和海藻一起食用，每天喝一碗非常健康。

味噌的种类

米味噌

以大豆为原料，加入米曲和盐制作而成。这种味噌的产量占日本所有味噌产量的80%。以颜色区分，有奶油色的白味噌以及浅褐色味噌、茶色味噌等不同颜色的米味噌。口味上区分则有甜口、咸口等不同口味。米味噌的颜色会随着制作时间的长短、大豆是蒸还是煮，以及加入米曲的量等条件的变化而变化。甜口和咸口的区别在于米曲、大豆和盐的比例不同，米曲越多，甜度就越强。白味噌的米曲比大豆还多，并且其老化时间更短，因此味更甜。

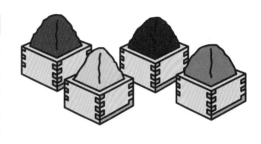

麦味噌

以大豆为原料，加麦曲和盐制作而成。最初它被称为"乡村味噌"，因为它是农民为了自家食用而制作的，味道简单而怀旧，色泽有浓有淡。

豆味噌

以大豆为原料，加入种曲和盐等制作而成，它还有赤味噌、八丁味噌、溜味噌等多种叫法。是将蒸好的大豆团成球状，撒上种曲、盐和炒麦粉酿造而成的。成品颜色为红黑色，且具有涩味和酸味。

调合味噌

由米味噌、麦味噌、豆味噌混合而成，或者通过将米曲和麦曲等不同曲类混合发酵制成。

新式味噌

玉造味噌

味噌的一般制作方法是将大豆煮好，加入盐和米曲。但制作玉造味噌时，则是将煮熟（或蒸熟）的大豆压碎，先制成味噌球坯，然后静置于室内。这时，空气中栖息的各种细菌就会附着在味噌球坯的表面。还有的方法是仅在味噌球坯的表面撒上曲霉菌，使其外层长出蓬松的"曲霉菌花"，或者用绳子将味噌球坯绑在天花板上，使其干燥熟成，之后再添加米曲和盐，按照通常的方式使之发酵。就这样产生了由各种细菌制成的普通味噌所没有的复杂味道。

苏铁味噌

日本鹿儿岛县的奄美大岛以及琉球列岛的粟国岛都生产一种由苏铁果实、糙米、大豆和甘薯制成的味噌。苏铁果实里含有有毒物质，要将其浸于水中除去水溶性毒物，然后在阳光下晒干，并通过空气中微生物的作用进行解毒和发酵（或埋入土壤里，经土壤里的微生物解毒）。然后用曲霉菌将去毒的苏铁果实和糙米制成苏铁曲，加入大豆、地瓜和盐，保存于罐中，通过耐盐性酵母和乳酸菌进行发酵，最后得到具有特殊风味的完

全无害的苏铁味噌。在当地，由苏铁味噌和猪肉制成的油味噌被认为是吃茶点时的最佳搭配。

酱油

酱油是日本人最熟悉的发酵调味料之一，是由曲霉菌、大豆、小麦、盐水等制成的。据说，很久以前，在中国，以鱼类、贝类为原料的腌制食品和以大豆为原料的调味料统称为"酱"。在日本飞鸟时代（公元592年～710年），中国的"酱"传到了日本。当时，中国就出现了以谷物为原料的"谷物酱"，据说这是味噌和酱油的原型。此外，据说，在日本镰仓时代（公元1185年～1333年），一位名叫觉心的日本禅师从中国带回了径山寺味噌的制作方法。由于制作径山寺味噌的桶中积聚的液体味道鲜美，这种液体被称为"溜酱油"。也有说法认为这是日本仿造酱油的开始。日本人认为味噌和酱油的制造方法非常相似，区别仅仅在于成品是固体还是液体。

酱油酿造

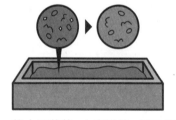

制曲

将大豆蒸熟，小麦烘烤，然后将二者混合并撒上曲霉菌，制成酱油曲。

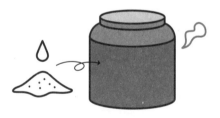

发酵、熟成

在酱油曲中添加盐水制成酱醅，并进行发酵和熟成。

过滤、装瓶

将生抽加热过滤，然后装瓶、包装和出货。

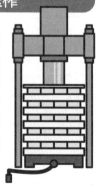

压榨

浓口酱油是通过压榨酱醅制成的，而淡口酱油则是通过将甜酒加入酱醅中压榨制成的。这时候，如果不经过加热工序，就会制成生抽。

四大酱油

根据日本《延喜式》的记载，在日本平安时代，京都总共只有四家酱油店，分别销售以下四种酱油产品。

鱼酱油

由鱼等海产品制成的酱油，可能是现在的鱼露。著名的有鱿鱼内脏和沙丁鱼制成的"石鱼露"，以及叉牙鱼和沙丁鱼制成的"盐汁鱼露"。

肉酱油

用肉类制成的酱油，它是用曲霉菌、食盐以及鸭的头、脖子、腿、内脏等部分制成的。据说在日本岐阜县有一种斑鸠香酱油，是通过用盐、曲霉菌及斑鸠的内脏制成的。

五谷酱油

由大豆和谷物制成的酱油，在亚洲各地均有。生抽和老抽产于中国、韩酱产于韩国、西尤酱产于泰国、TOYO（中文可音译为"透诱"）酱产于菲律宾。

蔬菜酱油

由蔬菜制成的酱油。它是用盐腌制蔬菜产生的汁液制成的。如今，这些汁液都是被扔掉的。但其实汁液里仍然残留着蔬菜的营养，因此可以用它来做汤。

各种各样的五谷酱油

浓口酱油

这种酱油颜色呈红褐色，味道和香气较为平和。它的产量占日本酱油总量的80%，是一种多功能调味料，可用于煮菜或拌沙拉等。制作这种酱油时使用的大豆与小麦的比例约为1∶1。

淡口酱油

颜色比浓口酱油浅，香气淡。含盐量比浓口酱油高约10%，由于添加了甜酒，所以味道醇厚。用于一些注重食材原色原味的菜肴，例如杂煮菜和炖菜等。

溜酱油

这种酱油色深、黏稠、味醇，因此非常适合用来吃生鱼片。由于其原料主要是大豆，因此溜酱油类似于豆味噌发酵后的液体。首先在蒸熟的大豆中添加少量煎过的小麦制成味噌球坯，撒上曲霉菌，然后添加盐水制成酱醪，进行发酵和熟成。

重调酱油

向曲中添加生酱油而不是盐水来制作酱醪，然后进行发酵和熟成，因此色泽和口味都很浓厚。它是制作刺身、寿司、凉豆腐和凉拌菜的理想之选。它味道浓郁鲜美，因此也被称为甘露酱油。

白酱油

比淡酱油的颜色白。它口味清淡，但有甜味，并具有独特的香气。主要原料是小麦。因为色浅，所以适用于制作蒸蛋、汤、米饼等。在日本人家中经常使用的"白汤料"，就是通过在汤料中添加到白酱油制成的。

加工酱油/酱油风味调料

指的是加工过的酱油，如高汤酱油、面汁、柚酱汁、生蛋拌饭专用酱油等。高汤酱油和面汁可以用于制作荞麦面、乌冬面、挂面以及天妇罗蘸汁。另外，还有专为对大豆类和小麦过敏的人制作的酱油调味料，如蚕豆酱油和豌豆酱油。

■ 酱油和木桶 ■

制作酱油的容器随着时代的变化而变化。在日本江户时代，用的主要是杉树制成的木桶。用显微镜观察木头的表面时，可以发现其上有无数小孔，而细菌就在其中栖息，它们使酱油产生了浓厚而独特的风味。在过去，酱油店和味噌店都是将酒厂的旧木桶解体后，从中挑选好的木板再次组装成木桶，据说这样的木桶可以使用100多年。从日本昭和时代开始，日本人制酱油的容器变成了一种含有玻璃纤维的增强塑料容器，进入平成时代后，日本人就开始使用大型不锈钢罐大量制作酱油。由此，可以获得便宜且口感稳定的酱油。在使用木桶的情况下，酱油的味道可能会因附着在木桶上的杂菌而受损，非常难以控制，因此日本人只能每年制作一次酱油。但是因为用木桶可以制作出带有独特口感的浓郁酱油，近年来木桶制造法似乎又开始流行起来。

■ 酱油是万能调味料？ ■

即使是很难吃的肥肉，只要蘸上酱油也会变得异常美味。生鱼片蘸酱油的话，可以去腥味。甜的煮豆添加一点儿酱油，就会增加甜度。酱油还可抑制腌制过度的咸菜和咸鲑鱼的咸味。酱油具有小麦淀粉糖化的甜味、盐溶液的咸味、少量的酸味、酸性物质带来的苦味以及大豆和小麦的蛋白质被曲霉菌分解后产生的味道。

曲霉菌
曲霉菌可以分解原料中的蛋白质和淀粉，产生甜味。酱油的颜色基本也是由此产生的。

酵母
酵母发酵生成的酒精与有机酸发生化学反应，制造出复杂的香气。

乳酸菌
乳酸菌可以增强食物的香气，并起到增味的作用。它降低了酱醪的pH值，并创造了适合酵母活动的环境。

酱油的调味黄金比例

做日式土豆炖牛肉
酱油：料酒：酒＝1：1：1

煮鱼
酱油：料酒：酒：水＝1：1：1：2

做金平牛蒡
酱油：料酒＝1：1

做照烧类料理
酱油：料酒：酒：白砂糖＝1：1：1：1

做关东煮/什锦火锅
酱油：料酒：酒＝1：1：1

做寿喜烧
酱油：料酒：白砂糖＝1：1：(1/3～1)
★做寿喜烧时先用白糖等炒一下牛肉，肉质会变得软滑鲜嫩。

做荞麦汁
酱油：料酒：汤汁＝1：1：2.5

柚子醋
酱油：酸橘汁（或柚子汁、橙汁等）＝1：1

饺子蘸料
酱油：(醋、少量白糖、辣油的混合物)＝1：1

推荐的酱油蘸料

● 梅酱油
将梅子放入罐中。以"酱油：酒＝2：1"的比例调制好料汁后倒满罐子，静置3天或更长时间使之入味。随着时间的流逝，味道变得更加柔和而鲜美。梅酱油可用于制作色拉酱等，做煮鱼时用它可去除异味。还可以将梅子碎肉与梅酱油混合制成可口的酱汁。

● 大蒜酱油
将大蒜放入罐中，倒入足够多的酱油，并在使用前至少放置3天。可以用鳄梨丁蘸着吃，或者用它来炒饭或炒乌冬面。

● 黄身酱油
将2小汤匙酱油（或者1大汤匙酱油）和1个蛋黄混合。可用作三文鱼等生鱼片的蘸料，也可将生鱼片蘸5分钟后放置，过后食用。

鱼露和鱼酱油

有人说世界上最古老的发酵调味品是醋，也有人说是鱼露。据说在没有发明冰箱前，人们将捕获的大量的鱼用盐保存，等鱼吃完后，继续利用腌制时渗出的汁液做调味品。鱼露是通过蛋白酶和微生物的作用，自然发酵而成的。偶尔用它代替平常的酱油，绝对可以品尝到新鲜的美味。

日本的各种鱼露、鱼酱油

有关日本鱼露的文献记载，当属平安时代中期的《倭名类聚抄》较为准确。其中就记述了鱼露是从中国传来的，日本人仿照了中国人的做法等事件。但有些日本人认为，在四面环海的日本，早在弥生时代和绳文时代就应该有鱼露了。如今，鱼露已被用来制作各种菜肴，如火锅、炖菜、炒饭、乌冬面等。

盐汁鱼露

日本人用叉牙鱼（或沙丁鱼等）制成的鱼露，也叫作盐汁或盐鱼汁。去除鱼的头、内脏、尾巴，加入盐和曲霉菌，压上重石，发酵熟成1年以上，然后过滤而成。过去，它是由海岸附近的家庭作坊手工制作的。

能登鱼露（Ishiru）

这是由鱿鱼和沙丁鱼等海产品制成的鱼露。主要在日本石川县能登地区制造。日本的古语又将其称为鱼汁。将鱿鱼的内脏或者整条鱿鱼加盐（有的做法还会还加入少量曲霉菌和酒糟）搅拌，压上重石，发酵熟成至少一年后再过滤而成。

金鱼酱油

这是以日本香川县特产的一种鱼为原料制作的鱼露，也叫作玉筋鱼酱油。在第二次世界大战期间，以及战后食物短缺时期，它被用作酱油的替代品，但随着普通酱油产量的增加，人们对金鱼酱油的使用量也在减少。

鲑鱼酱油

这是小泉武夫开发的以鲑鱼为原料制成的酱油。将新鲜的鲑鱼连同加工过的鲑鱼头、鲑鱼内脏等，与制作普通酱油用的曲和盐混合，在高温条件下催熟，过滤后进一步在低温条件下熟成。之所以用新鲜的鲑鱼，是因为这样不仅可以抑制鱼腥味，还可以使制作酱油的曲鲜味更浓。通过高温和低温两道熟成工序，就可以在4～5个月后得到优质鲑鱼酱油。

其他

还有一些稀有的酱油，例如蛤蜊酱油、花蛤酱油、牡蛎酱油、鲇鱼酱油和秋刀鱼酱油。

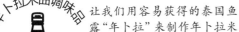

年卜拉米曲调味品

让我们用容易获得的泰国鱼露"年卜拉"来制作年卜拉米曲调味品吧！直接将米曲添加到美味的年卜拉鱼露中，这样鱼露的甜度和鲜味将会增加。它可以用来调制炒荞麦面或粉丝沙拉，或者跟醋混合后用来腌制黄瓜泡菜，这样就可以轻松品尝到泰国风味了。

【材料】
米曲（捣成颗粒状）…50克
年卜拉泰国鱼露…125克
1. 将米曲放在一个干净的罐子里，倒入年卜拉鱼露并混合。发酵过程中可能产生气体，因此请准备足够大的罐子。
2. 偶尔搅拌，在常温下放置1～2周，待米曲的颗粒变软时，即大功告成。放入冰箱中储存。吃的时候可以根据喜好添加切碎的大蒜或姜。

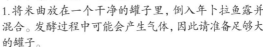

盐曲

盐曲可能是制作方法最简单的发酵调味品了，只需将米曲和盐混合，然后加水置于常温下即可。大米中的淀粉和蛋白质虽然没有味道，但米曲中的酶将它们转变为糖、氨基酸等物质，最后制成充满天然甜味的调味料。跟酱油一样，盐曲属于万能调味料，可用来腌制蔬菜等。尤其值得一提的是，用盐曲腌制的烤肉、烤鱼简直是太美味了！

■ 三五八腌菜 ■

在日本东北部，有一种腌菜，叫作"三五八腌菜"。以"盐：米曲：大米 =3：5：8"的比例制成类似腌渍床，然后在其中腌制蔬菜做成咸菜，或者腌制烤鱼、烤肉。这被认为是盐曲制品的开端。但如今，3：5：8的比例已经不适合现代人的口味，有人说2：3：8的比例更好。腌渍床的制作方法为：将大米蒸熟，冷却至70℃，加入米曲，在60℃下保温12小时，分解出糖后，加盐，静置12小时，即制成腌渍床。如果是用它腌蔬菜，则只要在其中浸泡一整天就能完成。日本的市场上近年来有出售三五八腌菜的干引子，只需将干引子加水立即就能制成腌渍床，使用非常方便，它做出的菜比盐曲味道更香甜，非常好吃。

■ 盐曲腌制美味食材的诀窍 ■

蔬菜

黄瓜和胡萝卜等蔬菜，只用盐腌制就可以增加附着的乳酸菌的数量，制成带有适度酸味的腌菜。把盐换成盐曲，会给蔬菜带来像米曲一样的甜味，制成更加美味的腌菜。将切碎的蔬菜放入保鲜袋中，撒上盐曲（重量约为蔬菜的10%），排出空气，密封，然后放入冰箱冷藏30分钟以上，即可制成盐曲腌菜。可以根据个人喜好添加芝麻油或橄榄油，也可以减少盐曲用料，加入蛋黄酱，这样能制成沙拉风味的腌菜。

禽肉和鱼肉

米曲所含的酶将禽肉和鱼肉的蛋白质转化为氨基酸，还可以去除腥臭味。在禽肉和鱼肉的表面涂上盐曲（重量约为食材的10%），用保鲜膜或保鲜袋包裹，排出空气，然后在冰箱中放置30分钟～2天即成。建议用来做烧烤，但是由于它很容易烤焦，因此也可以洗净盐渍后再烤。也可以蒸煮食用。如果腌制时间过长，禽肉和鱼肉本身的味道会变淡，因此腌制的时间尽量控制在30分钟～2天之间。

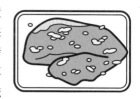

盐曲的制作方法

【材料】
米曲… 200克
盐… 60克
水… 250毫升
（如果用生曲，则水的用量要改为200毫升）

1. 如果是块状的米曲，请用手将其掰碎，与盐混合。
2. 放入大容器中，倒入水。

3. 盖子不要拧紧，在室温下存放。曲霉菌喜欢空气，因此，每天搅拌一次，可以加速发酵。第二次制作的时候，加入上次制作的盐曲就可以加快发酵速度。用保温甜酒的保温方法，将其在60℃下保温15小时的话，一天即可完成制作。

各种各样的盐曲

麦盐曲

用麦曲制成。有着类似味噌的浓郁香气，并具有小麦的朴素形象。用于做汤时，小麦漂浮起来的样子非常可爱。它非常适合做炖菜。

糙米盐曲/发芽糙米盐曲

它是用糙米曲或发芽的糙米曲制成的。制成后具有芬芳的味道和淡淡的甜味，用来腌制蔬菜、禽肉和鱼肉可增加成品的香气，用来炒菜也很美味。

酱油曲

它是将等量的酱油和米曲混合，并在室温下熟成约1周后制成的。可以搭配煎蛋拌饭、凉豆腐和生鱼片等食用。还可以将其与蛋黄酱混合，做成酱汁。

用盐曲制作的菜肴

盐曲煮蛋

将鸡蛋煮熟，剥壳，放入拉链式保鲜袋中。在每一颗鸡蛋上都撒上1小勺盐曲，然后放入冰箱中放置1周。1周后，鸡蛋的味道会变得像奶酪一样醇厚。

盐曲蒸鸡

在鸡腿肉或鸡胸肉上撒上2小勺盐曲，放入拉链式保鲜袋中，放入冰箱中放置1~2天。取出鸡肉，将50毫升水、1大勺清酒、2~3块生姜跟鸡肉一起放入锅中，盖上盖子同煮。煮沸后，用小火蒸15分钟，然后冷却。待冷却后，将其切成易于食用的小块，可直接食用或蘸上喜欢的酱汁一起食用。

盐曲胡萝卜丝

用刀将胡萝卜（约200克）切成细丝，放入拉链式保鲜袋中，在胡萝卜丝上撒上2小勺盐曲，混合均匀后将空气抽出，放入冰箱冷藏30分钟以上。撒上芝麻油，作为凉拌小菜食用，或将其抹在面包上，再铺上蛋黄酱或切成薄片的奶酪，然后烘烤，也很美味。

4. 起初，会觉得水很少，但随着时间的推移，水会不断流出。如果还是担心水少，请添加盐水而不是纯净水。

5. 1~2周后，如果打开盖子时材料看起来湿润且有味噌的浓香味，可以尝1粒米试试，感觉到米芯很容易化开就大功告成了。可以室温环境中保存（夏季中旬除外），但放入冰箱冷藏更让人安心。

6. 存放一段时间后，液体的颜色会变成米白色，米粒也会化开。之后会出现分离层，因为米粒有时候会滞留在上面，所以要时不时地搅拌一下比较好。制备容器建议用带有刻度的，配上一把量匙会更方便。

甜酒

尽管"甜酒"的名字里带有"酒"字，但它并不含酒精，只是日本人习惯将其称为"甜酒"，因此即使是儿童也可以喝。过去，因为庆祝中国春节时人们团拜经常会喝到它，所以甜酒给人留下了要在寒冬里喝的印象。而江户时代的书籍里却是这样描述的："一到夏天，甜酒就会出现在市场上。"在江户时代，没有空调或电风扇，而且日本人当时的饮食条件比现在简陋得多，许多人因为饥饿和无法承受夏季的高温而丧生，那时候的日本人很可能通过喝营养丰富的甜酒来补充体力。

甜酒的各种饮法

将甜酒加热后兑开水，并加入切碎的生姜，然后趁热喝掉，身体就会变得很温暖。另外，在甜酒里添加用搅拌器搅碎的水果（如香蕉、苹果、蓝莓等），然后兑水、碳酸饮料、牛奶等饮用也很美味。

豆奶甜酒

兑入豆奶就制作成了豆奶甜酒，也可兑入牛奶，还可根据喜好添加黄豆粉。

酸奶甜酒

甜酒与酸奶混合后就成了酸奶甜酒。再添加一点儿黄豆粉也很美味。

番茄甜酒

当兑入清爽可口的番茄汁后，甜酒的味道会像水果番茄一样香甜。

咖啡甜酒 / 奶茶甜酒

将速溶咖啡粉用开水冲泡，加入豆浆或牛奶制成混合咖啡液，再加入甜酒即成。也可以将混合咖啡液换成奶茶或可可牛奶。

烧酒甜酒

在兑过热水的本格烧酒中加入少量甜酒。或者将其与甲类烧酒混合，然后加入冰块和碳酸饮料饮用。

用甜酒做菜肴

甜酒作为饮料饮用非常可口，在烹饪中用作调味品则会产生不同于料酒和白糖的复杂口味。例如，在制作番茄酱时，加入甜酒可以抑制番茄的酸味并改善口感。炖菜时加入甜酒和盐来调味，成品的味道会非常鲜美。

甜酒 + 酱油

用于炖菜的调味。

甜酒 + 颗粒状芥末 + 盐

用于搭配有三文鱼片等生鱼片的拌菜。

甜酒 + 醋（或者柑橘类水果、梅干等）+ 盐

用于搭配有煮章鱼的日式拌菜，口感清爽，非常诱人。

含有葡萄糖

甜酒的天然甜味来自葡萄糖。人缺乏葡萄糖会导致思维能力和体力下降，出现心慌、乏力等症状。早上喝甜酒能帮助激活大脑、增强体力，使人的注意力更集中，从而有助于工作和学习。没有胃口的时候，喝甜酒还能刺激食欲。

天然的复合维生素饮料

当曲霉菌在米中繁殖时，它们会合成大量的维生素，例如维生素 B_1、维生素 B_2、维生素 B_6 等。甜酒是一种有丰富营养成分的饮料，它被认为是天然的复合维生素饮料。

含糖量相对较低

甜酒相对其他甜饮料含糖量较少，饮用它对人体健康相对有益：首先，较低的糖分含量可以帮助控制血糖水平，减少血糖波动的风险；其次，低糖甜酒相对较低的热量有助于控制体重。然而，尽管含糖量较低，过量饮用仍可能对健康产生负面影响。

丰富的必需氨基酸

甜酒中富含人体生长发育必需的氨基酸。因为曲霉菌的酶可以将大米的蛋白质成分转化为必需氨基酸，所以甜酒也富含必需氨基酸。

甜酒的各种益处

维生素的吸收率在90%以上

甜酒的成分包括葡萄糖、必需氨基酸、维生素等。它与日本人用的输液型美容液成分几乎完全相同，其维生素的吸收率高达90%以上。服用补品以及输液型美容液当然也不错，但在享受美味的同时就能变美，何乐而不为呢？

调整肠内环境

甜酒富含膳食纤维和低聚糖，这是调节肠道环境所必需的。肠道环境得到调整后，可改善便秘和皮肤粗糙等症状。

纳豆

据说日本开始制作纳豆是在室町时代中期，但是也有说法认为，可能开始于更早的时间。有种说法认为，纳豆是在制作味噌的过程中被发现的。过去制作味噌时，是将煮好的大豆排列在稻草席上，使附着在稻草上的曲霉菌繁殖，但与此同时许多纳豆菌（纳豆菌是俗称，它是一种芽孢杆菌）也附着在稻草上。天气炎热的时候，纳豆菌"打败"了曲霉菌，大豆就变成了纳豆。无论纳豆起源于哪里，我都想向第一个吃这种黏稠食物的人致敬。大豆是制作纳豆的原料，蛋白质含量极高，因此被称为"田间牛肉"，另外，除富含维生素 B_1、维生素 B_2、维生素 E 外，还富含矿物质等。另外，用大豆制成的纳豆中含有的一种蛋白激酶，可以改善血液循环。纳豆是一种可以长时间保存且可以冷冻储存的方便食品。

纳豆菌的强大

纳豆菌很强大。不管是用100℃的开水煮，还是冷冻或烘干，它都不会死。因为纳豆菌太强大了，所以长期以来，都不允许在酒窖、酱油厂等需要用曲霉菌的地方食用纳豆。有趣的是，纳豆菌会产生黏稠状的拉丝，当这些"丝"附着在曲霉菌上时，曲霉菌就会变成黏稠的"粘曲"，这时曲霉菌就会"死亡"。啤酒酿造者可能不太喜欢纳豆菌，但是对于其他人来说，纳豆菌是一个近在咫尺的"健康使者"，它可以在人体内存活，并帮助调理肠内环境。

干燥纳豆

在不熟悉的地方旅行时，我们会担心出现肠胃不适的状况。在这种情况下，就可以带上一些小泉武夫创造的干燥纳豆。纳豆菌可杀死引起食物中毒的细菌，但它毕竟不是药物，如果症状严重，还是需要及时就医。这种干燥纳豆很美味，可以作为下酒小菜，宜在家中常备。小泉武夫创造的干燥纳豆食谱很丰富，此处仅为大家介绍简单的干燥纳豆制作法。

■ 干燥纳豆的制作方法 ■

1. 将6包纳豆（约300克），1/2小勺藕粉和1小勺盐放入碗中，搅拌均匀。

2. 将搅匀的纳豆薄薄地铺在盘子上，在阳光下晒4~5天。

3. 待材料干燥后，撒上1/2小勺藕粉，并放入拉链式保鲜袋中保存。

各种各样的手工纳豆

纳豆一般是用黄豆做的，但也可以用黑豆、青豆来做。将豆子煮（或蒸）软，冷却至40℃左右，添加少量成品纳豆，放入容器中。因为发酵需要空气，所以不要填得太满。然后将其在40℃的环境中保温24小时（夏天可将其用毛巾包裹后置于阳光下，冬天可将其置于被子中）。如果豆子表面出现了类似白色薄膜的东西，且闻起来有纳豆的味道，那就代表大功告成了。之后再放入冰箱里冷藏一天，这样会更美味。

黄豆　　　青豆　　　黑豆

稻草包纳豆

纳豆菌即使在100℃的高温下也不会死亡。因此，将附着纳豆菌的稻草放在开水中煮，其他杂菌就会被杀死，但纳豆菌却能存活。用煮过的稻草做成"稻草包"，然后将煮过（或蒸过）的大豆放入其中，继续保温24小时，让纳豆菌将豆子发酵，就能制成纳豆。据说不仅仅是稻草，其他带有纳豆菌的植物秸秆也可以用来制作纳豆。

盐辛纳豆

除了熟悉的拉丝纳豆外，还有盐辛纳豆。它是用一种叫作浜纳豆（或寺纳豆）的小黑豆做成的纳豆。它比普通的拉丝纳豆历史更悠久，来源于中国的豆豉。盐辛纳豆不带纳豆菌，因此严格来说它并不是纳豆，只是大家习惯称呼它为"纳豆"。之所以被叫作寺纳豆，是因为它以前是在寺庙里制成的。听说以前日本的和尚会把寺纳豆放入粥里，用筷子搅拌后食用。

盐辛纳豆的制作方法

1.将煮熟的大豆平铺在草席上，使曲霉菌繁殖，形成大豆曲。

2.将大豆曲浸入盐水中浸泡3～4个月，用耐盐的乳酸菌发酵。

3.将发酵的大豆展开，晾干即可。

五斗纳豆和曲霉纳豆

五斗纳豆是一种在日本山形县广为流传的发酵食品。因为制作这种纳豆用的容器是五斗碗，所以它被称为"五斗纳豆"。它也被称为"破雪纳豆"，是因为它长时间存放后会变酸，因此古代日本人就将其储藏在雪中。本书将介绍类似于五斗纳豆的曲霉纳豆，它很容易制作，可以搭配热米饭、热豆腐等食用。因为曲霉菌和纳豆菌在熟成过程中发挥了作用，所以它的味道非常浓郁。

曲霉纳豆的简单制作方法

1.五斗碗中加入碾碎的纳豆45～50克、米曲50克、酱油2小勺、咸海带10克、适量生姜丝和温开水50毫升，搅拌均匀。

2.在常温下熟成1周即可。做好后宜储藏在雪地里或冰箱里。

咸菜

早前，咸菜在多数情况下是作为冬季蔬菜供应不足时的补充食品出现的。古代中国人经过反复钻研，总结出来了咸菜的腌制方法，比如应该撒多少盐可以使蔬菜出现酸味、增加鲜味，以及如何长期保存等。现在，日本人认为他们可以直接将中国人的方法拿过来，并简单地加以利用，这是很幸福的一件事！

咸菜美味的诀窍

1 用盐腌制

在蔬菜上撒些盐，放置一段时间后蔬菜就会变软。这是因为蔬菜细胞中的水分在盐的作用下被析出，导致细胞收缩。做速腌咸菜的话，用材料重量约2%的盐腌制即可，如果需要制作长期存放的咸菜，则用18%～24%的盐腌制。盐的用量越大，则杂菌越难繁殖，就可以长期保存。

2 压上重石

跟中国人学到的方法，就是在制作咸菜时用重石压着，这样可以使蔬菜上的盐均匀地渗透。如果没有重石，则可以堆叠碗碟代替重石，或用装满水的塑料瓶代替重石，或将其放入拉链式保鲜袋中密封腌制。

3 酶的作用

一旦蔬菜细胞的水分流失，盐进入细胞，细胞就会收缩，因此该过程被称为"盐杀"。此时酶开始起作用，分解细胞的成分。紧接着，蔬菜的青涩味道消失，并且产生了咸菜特有的风味。仅需浸泡一晚，味道就会发生变化。

4 乳酸菌和酵母菌的作用

最初附着在蔬菜表面的耐盐乳酸菌，通过分解蔬菜中的糖分而获得营养从而缓慢增加，并产生了乳酸。正是乳酸使咸菜变酸，其酸性使杂菌更难生长。另外，附着在蔬菜上的酵母菌也会起作用，就会产生独特的风味。

乳酸菌

酵母菌

5 进一步提升味道

海带、辣椒、柚子、干鱼片、花椒等都可以拿来调味。同样，用盐腌制去除多余的水后，还可以再用醋和糖继续腌制，或者用甜酒腌制，也有用酒糟、味噌、酱油、黄芥末、绿芥末等来腌制的。食材和调味料不同，制作的咸菜的风味也不同。

丰富多彩的咸菜

在日本江户时代，江户（即现在的东京）、京都和大阪等大城市的人们经常可以吃到精米，而不是像日本其他地方那样吃糙米。糙米碾成精米时产生的米糠含有脂肪、维生素、膳食纤维等，扔掉的话非常可惜。于是，人们将盐和水加入米糠中制成腌渍床，用它腌制蔬菜，由此诞生了米糠酱菜。米糠酱菜对人体非常有益，米糠富含维生素B_1，蔬菜中渗出的营养成分以及抗氧化物质与之混合后，就更有益人体健康了。此外，米糠酱菜富含酵母菌和乳酸菌，因此发酵后又软又香。但是，由于米糠酱菜里的一些有益菌是有活性的，所以即使尚处于良好状态，也应每天搅拌，并放入新鲜空气以防止由于乳酸菌的增加而发酵失败。相反，在刚加入米糠的时候，为了增加乳酸菌，就要注意杜绝空气的进入。建议使用新鲜的生米糠，还要每天伸手进去用干净的布擦拭容器的边缘，以保持容器清洁。

觉弥香香（腌菜）

日本的古典落语（这是日本的一种传统曲艺形式）里有许多关于江户时代和明治时代平民百姓生活的故事，其中米糠腌菜作为平民百姓的家常食品经常出现。但是，在古典落语中登场的腌渍床似乎尚未得到人们的精心制作。日本的《醋豆腐》一书中描述："米糠腌菜虽然吃起来非常美味，但却没有比它制作时更不讲究的食物了。把手伸入酱菜桶后，不仅手上沾的味道难以消除，而且指甲之间夹满了米糠，这样的活儿年轻人是不会做的。"手上沾染了其独特的气味后，的确很难洗掉。《一人酒盛》中提到下酒菜时写道："揭开厨房的活动地板，看见一个米糠酱菜桶。里面有腌黄瓜之类的腌菜，把它拿出来……"《寄合酒》描写了镇上的年轻人将山药直接浸渍在米糠酱里，然后拿出来作为下酒菜的场景。日本古典落语中出现的腌菜叫"觉弥香香"，它是将腌制过度的老腌菜切碎，浸泡在水中以除去盐分，然后加入生姜碎制成的，最好在上面撒一点儿酱油和鲣鱼干，这样会更美味。虽说米糠酱菜的做法非常不讲究，但却是扎根于江户一带百姓家常饮食的一道小菜。

无盐腌菜

酸茎是日本长野县木曾町从古代传承至今的一种腌菜。将红芜菁的茎不用盐而用乳酸菌发酵，就制成了酸茎。酸茎没有咸味，酸味却很浓。我第一次吃的时候，惊讶于它的味道。但因为它有一种无法用语言描述的美味，所以人一旦吃了就会上瘾。镇上的居民撒上酱油和鲣鱼片，或将其放入荞麦面的汤汁里，或将其用作味噌汤的材料来食用。深山环抱的中山道木曾路地处海拔800米的寒冷地带，过去从海边运输盐至此十分困难，因此盐非常珍贵。珍贵的盐被用来制作味噌，但不会拿来制作腌菜。他们把红芜菁枝叶部分用甜醋腌制后，将剩下的茎装进空的味噌桶中储存，桶中的乳酸菌和原来附着在红芜菁茎部的乳酸菌开始自然发酵，形成了无盐腌菜。

萝卜咸菜

说到萝卜咸菜，很容易想到那种黄色、又甜又咸的萝卜片，但日本自江户时代以来生产的萝卜咸菜都是土色的。它样子土气，气味刺鼻，但味道却很特别。只要有萝卜咸菜和饭团，日本人就能吃得很满足。米糠酱菜从春到秋都可以腌制，但当冬季气温下降时，发酵能力就会减弱，就很难腌制了。因此，为了可以长期保存冬季收获的萝卜，日本民众就制作了萝卜咸菜。萝卜咸菜是以干萝卜为原料，用米糠和盐腌制的，属于米糠酱菜的一种。但有趣的是，其味道和香气均与米糠酱菜不同。

晾萝卜

萝卜水分很大，适宜在阳光充裕且通风的地方晾干。这样萝卜就会变软，味道也会变得浓郁。

腌渍萝卜

当萝卜变软时，将其浸在米糠中。与提前发酵好的米糠酱不同，做这种腌渍萝卜多用未发酵的米糠。准备好干辣椒、芥末、海带、橘子皮或柿子皮、茄子叶等材料，并放入搅拌好的米糠、盐、糖的混合物中腌制，最后压上重石头就可以了。

发酵并熟成萝卜

在寒冷的季节，细菌的活跃度会变低，因此需要一整个冬季来进行缓慢发酵并熟成。酵母菌即使在寒冷的情况下也会一点点地繁殖。乳酸菌从第二年三月份开始就变得活跃，并使萝卜产生适度的酸味。食用时，洗掉米糠，并将萝卜切成适口的大小即可。

萝卜的各种制品

萝卜用途广泛。生的萝卜可以切丝做成沙拉或萝卜泥，煮的萝卜可以做成鲥鱼炖萝卜或者酱萝卜，而做成关东煮的萝卜更是大众心中排名第一的小吃。还可以将其完全晾干做成浓缩萝卜干，或者将其晾至半干，制成美味的萝卜咸菜。以下要介绍的两种腌制萝卜，会让人进一步感觉到萝卜的潜力和发酵的力量。

▶ 烟熏萝卜

腌制萝卜咸菜时，需要将萝卜晾干，但在日本一些地方，冬天天气太冷，萝卜就可能被冻住。对此，日本秋田县的做法是，仿照中国腊肉的做法——将萝卜吊挂在炉膛上方熏制，等水分变少、香气出现后，再将其浸泡在米糠、盐、糖等混合而成的米糠渍床中。这种烟熏萝卜看起来像是一段枯萎的树枝，混合着浓郁的烟熏香和酱香。咬一口，烟熏味会立即在口中蔓延开来，让人完全忘记了那是萝卜。虽然品相不佳，但它不仅可以搭配清酒，还可以切成薄片后与奶油、奶酪等一起搭配葡萄酒食用，其独特的烟熏香气和威士忌中浓厚的泥炭味很搭配。

日本各地主要的腌菜

此处列举了日本的主要腌菜，实际上还有很多其他的咸菜。

松前腌菜
鳐鱼干酸白菜 ——— 北海道

烟熏萝卜
萝卜切片咸菜

八月瓜熟成咸菜
萝卜鲱鱼咸菜

金婚腌菜

长茄子腌菜

红叶腌菜

小茄子芥末咸菜

野泽菜咸菜
酸茎

铁炮咸菜

暴腌咸萝卜
福神腌菜

樱花泡菜

芥末咸菜

守口腌菜

奈良腌菜

纪州梅干

芜菁腌菜

菊花腌菜

红芜菁腌菜

千枚腌菜
紫苏腌菜
即食咸菜

鲫鱼寿司

腌鱿鱼干腌
花生酱

醋腌大马哈鱼

红芜菁米糠酱菜

广岛菜腌菜

干萝卜咸菜

松浦腌菜
海茸酒糟咸菜

芥菜腌菜

萨摩萝卜

晒萝卜干

红萝卜腌菜

橙醋红芜菁腌菜

蚕豆腌菜

青森县
秋田县 岩手县
山形县 宫城县
福岛县
群马县 栃木县 茨城县
石川县 富山县 长野县 埼玉县 东京都 千叶县
福井县 岐阜县 山梨县 神奈川县
滋贺县 爱知县 静冈县
岛根县 鸟取县 兵库县 京都府 三重县
山口县 广岛县 冈山县 大阪府 奈良县
佐贺县 福冈县 大分县 香川县 和歌山县
长崎县 宫崎县 爱媛县 德岛县
熊本县 高知县
鹿儿岛县

烟熏萝卜

▶ 暴腌咸萝卜

每年的10月19日～10月20日，在东京日本桥都会举行自江户时代以来持续至今的"暴腌咸萝卜会"。据说暴腌咸萝卜因用甜酒和糖腌制萝卜制成"黏咸菜"而得名。在江户时代，有这样一种习俗，大家用绳子捆住暴腌咸萝卜，挂在一根棍子上，一边在人群中走来走去，一边大喊："黏糊糊的！黏糊糊的！"盛装打扮的姑娘们为了避免弄脏衣服，就会一边尖叫一边逃跑，周围的人见此情景就会很开心。暴腌咸萝卜的制作方法是先将去厚皮的萝卜用盐腌制，然后再用甜酒和糖重新腌制。在江户时代，好像它并不是作为配菜或下酒菜食用，而是作为茶点食用的。因为使用的是未晾干的萝卜，因此又鲜又甜，确实是一种不错的茶点。

暴腌咸萝卜

鲣鱼干

鲣鱼干是世界上最硬的发酵食品之一。可以将鲣鱼干片成花来炖菜或做汤，或将其放入凉豆腐、凉拌菜中，这样菜的口感会变得很浓郁。在热米饭中撒上鲣鱼干片和葱花，再滴一点儿酱油，就是一道特色美食。随着日式料理于2013年被联合国教科文组织列为世界非物质文化遗产，鲣鱼干作为日式料理的代表性食物，已为世界所熟知。过去，即使是普通家庭也会使用专用的鲣鱼干刨花器来制作美食。

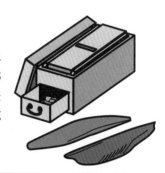

鲣鱼干硬度的秘密

为什么鲣鱼生鱼片和略微炙烤的鲣鱼很柔软，而鲣鱼干却这么硬呢？那是因为它经过的干燥步骤多到了令人咋舌的地步。将鲣鱼煮熟，并多次熏烤后，一种日本人称为鲣鱼干菌的曲霉菌就将起作用了：人们巧妙利用鲣鱼干菌繁殖时需要大量水的特点，让鲣鱼干菌附着在打磨好的鲣鱼表面，然后鲣鱼干菌就会大量吸收鲣鱼中的水分。将这个吸水过程重复4次后，鲣鱼的含水量约为原来的17%。未经"细菌吸水"的鲣鱼，含水量约为原来的25%。因为鲣鱼含水量太少，其他微生物无法在它身上繁殖，所以它可以长时间保存。

鲣鱼干味美的秘诀

鸡骨头和猪骨头制成的汤，表面上漂浮着一层油，但是鲣鱼干制成的汤里却没有油。鲣鱼本身是含有脂肪的，但汤里面为什么没有油呢？这还是因为鲣鱼干菌起到了作用。在发酵过程中，鲣鱼干菌会分解鱼中所含的油脂。由于分解的物质被菌类吸收了，因此脂肪不会漂浮在汤的表面。此外，鲣鱼干菌将鱼体中的蛋白质分解为氨基酸，因此成品不仅吃起来味道鲜美，而且芳香四溢。这就是鲣鱼做的汤醇香浓郁、品质上乘的原因。

鲣鱼干的同类产品

在日本，除了鲣鱼干外，还有其他的鱼干类产品。比如沙丁鱼干、金枪鱼干、竹荚鱼干、鲭鱼干、鲑鱼干、秋刀鱼干等，但只有鲣鱼干是用曲霉菌制作的。在斯里兰卡和马尔代夫，有类似于鲣鱼干的"马尔代夫鱼干"。再者，将东方狐鲣煮熟后晾干，直至其变硬，成品的样子和味道都像鲣鱼干。用锤子将其敲碎，然后放入咖喱之类的汤料，可以作为汤料直接食用。中国的金华火腿是将猪腿用曲霉菌制成的高级食材，可以制成汤料放入汤中食用。

马尔代夫鱼干

鲣鱼干的原型是什么？

在日本静冈县西伊豆町，有一种叫作"潮鲣"的鱼干，是将鲣鱼在盐中浸渍后晾干而成的。鲣鱼在日语中与"胜男"或"胜男武士"谐音，是一种吉祥鱼。鲣鱼左右两侧的鱼鳃里插入稻草的样子看上去就像长了翅膀，要飞向天空的鸟一样。过年的时候可以跟仙贝（一种日本的小吃年糕）一样装饰在家中，并在三天后食用。据说潮鲣比鲣鱼干的历史更悠久，所以潮鲣可能是鲣鱼干的原型。切开半生的潮鲣，然后用火略微烤一下，非常美味。

鲣鱼干的制作过程

1 切块

将鲣鱼切成三块，然后将其中较粗的鱼段分成背肉和腹肉。如果鱼肉上的条纹细，则脂肪较少；如果条纹粗，则脂肪多。脂肪少的更适合做鲣鱼干。

2 煮熟

将切好的鲣鱼块整齐、紧密地排列在鱼筐中，然后将鱼筐叠起来，上锅煮制。将事先切除的鱼头和鱼骨放入锅中，可以减少打在鱼身上的汤水，防止鲣鱼突然收缩。大约煮1.5小时，煮制期间要时不时地添水，以防止煮沸。

3 去骨取肉

等待鱼冷却到可以触摸时，放入水中，使膨胀的鱼肉紧缩。接着一根一根地去鱼骨，并去除鱼鳞和鱼皮。然后将鱼肉块排列在竹箅子上。

4 焙干

将鱼肉块沥水后放在焙干炉（日本人用的一种燃烧木柴的设备）上，烟熏1小时。这时候，鱼肉就会收紧。

5 整形

鱼肉块在之前的工序中产生了许多划痕和刻痕，这时候用手涂上一层鱼肉糜将其修饰整形。所谓鱼肉糜，就是将各工序中的鱼的残渣捣碎制成的肉糜。

6 正式焙干

这一次焙干需要1小时。烟熏后，将鱼肉块静置几天后再烟熏一遍。这样重复10～15次。用手多触摸鱼几次，以确认温度，这就是日本人所说的"手火山式焙干"。这是传统的熏制方式，现在很少这样做了。焙干后的鲣鱼变得无比坚硬，表面上覆盖着一层黑色的焦油。

7 喷鲣鱼干菌液

上一步骤的鱼干经过抛光后，在其上喷洒用水稀释过的鲣鱼干菌液。均匀喷在表面上，将鱼干叠放在木盘上并盖上盖子。在容易繁殖曲霉菌的潮湿的房间中发酵10～20天。随后表面会出现密密麻麻的绿色曲霉菌。

8 晒干

在晴朗的白天，将发霉最多的鲣鱼干铺在草垫上，在阳光下晒干，晚上将其放回木盘。放回去时，用刷子除去表面的曲霉菌，以去除霉味。再将木盘放回潮湿的房间，2周左右以后鱼的表面会再次形成霉菌。然后再将其拿出来在阳光下晒干。这样的工序重复2～3次，得到的鲣鱼干称为"枯节"，而当重复4次以上时，则称为"本枯节"。

"熟成寿司"

　　"熟成寿司"不是大家常见的日本"寿司"，而是用盐和米饭将鱼发酵制成的。大米对曾经贫瘠的日本来说是非常珍贵和少见的优质食材，而使用大米保存鱼的熟成寿司对他们来说就是一种奢侈品了。

　　熟成寿司具有强烈的气味，是一种评价两极分化的发酵食品。熟成寿司的"寿司"就是日本人最喜欢的寿司的原型。此处，我将为大家介绍一下从熟成寿司到现代寿司的变迁过程。在日本悠久的历史中，寿司不断发展，并最终传到其他国家。

■ 鲫鱼寿司 ■

　　鲫鱼寿司是以在日本琵琶湖捕获的长背鲫为原料，用米和盐发酵而成的熟成寿司。据说这是奈良时代流传下来的古老的制作方法。当我第一次吃到它时，其强烈的发酵的臭味和酸味曾让我非常恶心。但适应之后，鱼肉和鱼子的鲜味慢慢地在嘴里散开，特别适合下酒。另外，在米饭上放几片鲫鱼寿司，加入调味品，再倒入开水或粗茶，盖上锅盖煮3分钟，蒸煮后的鲫鱼寿司酸味会降低，变得非常可口。鲫鱼寿司的酸味来自乳酸菌，鲫鱼寿司富含乳酸菌，因此对便秘和腹泻有一定的缓解作用，具有调节肠道的作用。尽管没有科学依据，但据说将其溶于热水中饮用时，人往往会排出大量的汗。

■ 鲫鱼寿司的制作过程 ■

用盐腌制

　　日本人每年会在4～6月捕获产卵前的鲫鱼，用它做原料，并取出内脏，然后将其从鳃部到腹部都用盐塞满，最后一层盐一层鱼交替放入木桶中，腌制3个月。

阴干

　　将鲫鱼从桶中取出，用水冲洗，并在阴凉处阴干一天。

正式腌制

　　将米饭和盐的混合物轻轻地从鱼鳃塞入，注意不要压破鱼子。之后将米饭和盐的混合物，和鱼一起一层一层地交替放入木桶中，盖上盖子并压上重石，腌制6～12个月。

―― 熟成过程 ――

★用盐腌制时产生的乳酸菌使米饭发酵产生乳酸，因此鲫鱼和米饭会变酸。
★鲫鱼的一部分蛋白质会被大米中的蛋白酶转化为氨基酸。
★在发酵的早期到中期，会生成丙酸和丁酸，由此赋予鲫鱼寿司特有的强烈气味。

从熟成寿司到寿司的历史

熟成寿司的故乡在东南亚?

熟成寿司的故乡据说在东南亚。在泰国和老挝,一年中有一半是雨季,因此河流丰富,可以捕获许多淡水鱼。另一方面,在干燥季节却捕不到鱼。因此为了保存在雨季捕获的鱼,当地人采用了用盐腌制的方法。将咸鱼浸泡在大米和小米等淀粉类物质中,鱼肉由于发酵而变酸,但变质的可能性较小。据说发酵的鱼是熟成寿司的原型。关于其起源,有的说起源于东南亚的泰国、老挝、缅甸等的山区,也有的说起源于中国的云南和贵州地区。

熟成寿司从中国传入日本

熟成寿司是从中国传入日本的,但传入的时间不得而知,只因为那时候的日本还没有文字。据说文字是在3世纪左右从中国传入日本的,根据古代中国的《释名》记载,"鲊"是咸鱼的意思,"鲝"是由鱼肉、米、盐发酵而成的。"寿司"作为日语字符出现,是在江户时代前后。

要将米饭扔掉?

这就像米糠酱菜的米糠被洗掉一样,熟成寿司的米饭也经常被扔掉。因为它既酸又臭,而且在发酵过程中已化成泥状。尽管如此,还是有日本人喜欢吃熟成寿司里的大米。大米曾经是日本价值昂贵的食品,在古代日本只有上层阶级的人才能吃到熟成寿司。

半熟成寿司

到了室町时代,日本的大米年产量增加,普通百姓也可以吃到一点儿大米了。于是,抱着"扔掉如此美味而昂贵的米饭真是浪费"的想法,人们不把米饭发酵到泥状,而是保持其硬度,也不使鱼肉进行充分发酵,就制成了新鲜的"半熟成寿司"。日本岐阜县的鲇鱼寿司,三重县和歌山县的秋刀鱼寿司,以及京都府的鲭鱼寿司等都是半熟成寿司。

即食寿司

▶ **用曲霉菌腌制** 当过去要花很长时间才能制成的寿司,现在可以在一个月左右的时间内制成时,日本人变得更"贪婪"了。人们想方设法使这一过程变得更快,由此提出了将曲霉菌与米饭混合的想法。在日本北海道等地,仍然可以吃到用咸鲑鱼、咸鳕鱼等咸鱼和曲霉菌、米饭、蔬菜一起腌制成的寿司。此外,在咸鲥鱼之间夹着曲霉菌发酵而成的芜菁寿司是日本石川县的特产。

▶ **用酒或酒糟腌制** 为了能马上食用半熟成寿司,有些人会向其中添加酒糟或者酒(旧酒比新酒更好)。日本鹿儿岛县的酒寿司添加的是灰持酒。加了酒后,随着时间的流逝,乙酸菌发挥作用,酒会变酸。于是人们产生了不如从一开始就将醋与米饭混合的想法。在日本江户时代初期,诞生了将醋与米饭混合制成的即食寿司。但是,熟成寿司的酸味是由乳酸菌发酵引起的,它的酸味与醋的酸味不同。醋只是一种发酵促进剂,即使是使用了醋,想要吃到熟成寿司的味道,也需要再等待几天。

从"再见寿司"到"稍等寿司"

1760年在日本出版的《献立筌》一书中写道："用醋做的寿司不是真正的寿司"，但是1802年在日本出版的《名饭部类》一书说："寿司曾经是经过发酵才制成的食品，但如今都是使用醋来做寿司了。"

在用醋制成的寿司普及之前，订购寿司后需要等其发酵几天才能拿到，因此被称为"再见寿司"，意思是"请等上几天再来"。而用醋做的即食寿司，订购之后可以当天就制成，因此被称为"稍等寿司"。

江户时代的寿司革命

盒寿司

在木盒里将醋、米饭和其他各种材料揉在一起后，压上重石制成的寿司。日本岐阜县的木盒寿司、大阪府的上方寿司等都很受欢迎。

勺寿司

省去了盒寿司的切分麻烦，可以直接用勺子舀着吃。比如京都府的松豚寿司等。

散装寿司

省去了盒寿司需要压紧米饭的麻烦，它也被称为五目寿司，比如冈山县的散装寿司。

寿司卷

它改变了寿司的米饭和鱼之间的位置，并用海苔包裹住米饭，可以防止米饭粘到手上。

挤压寿司

为了省去盒寿司切分的麻烦，可以事先将寿司挤压成适口的大小，比如香川县的挤压寿司。

豆腐皮卷寿司

用一种甜辣的油炸豆腐皮代替海苔包裹醋饭做成的寿司，做好后用菜刀切开食用。

包寿司

这是将寿司饭和其他材料包裹在叶子中，塞进木盒子里，然后压上重石制成的寿司。比如奈良县的柿叶寿司，岐阜县的朴叶寿司和长野县的草鞋寿司。

鱼寿司

将用醋浸泡过的鱼放在醋饭上，用湿布压紧，然后用菜刀切开食用。如福冈县的梭子鱼寿司，大分县的竹荚鱼寿司等。

棒寿司

去掉鱼寿司里的鱼的鱼头和鱼骨就成了棒寿司。这种寿司也要用菜刀切开吃，如鲭鱼的棒寿司等。

握寿司

为了省去切寿司的麻烦，事先将米饭捏成适口的大小。将美味的海鲜压碎是一种浪费，所以就将海鲜当场切好放在饭团上。据说这就是握寿司的雏形。最初握寿司的大小是现在的两到三倍，也是日本江户时代的特产，但现在小的握寿司已成为日本寿司的代表。

臭鱼干

臭鱼干是指将竹荚鱼、飞鱼等剖开，浸泡在"臭鱼盐水"中，然后在阳光下晒成干鱼，这是日本伊豆群岛的特产。臭鱼干的名字源于这种食品的臭味，虽然听起来像是在开玩笑，但却是事实。尽管它既美味又营养，但不幸的是，由于它很臭，所以经常被用于电视综艺节目的游戏惩罚环节。

秉承不浪费的精神

日本伊豆群岛的山多，没有足够的耕田，因此在日本江户时代，当地人就用海水制成的盐代替水稻作为贡品。所以盐是当地非常珍贵的东西，被用来制作味噌等，根本没有多余的盐拿来做鱼干。但是，在渔村，捕鱼的季节会捕获很多鱼，因此有必要将鱼做成鱼干来保存。臭鱼干的主原料竹荚鱼等的捕获季节是在夏天，所以腐烂速度很快。于是，人们就想出来一个办法，即将鱼浸入盐水中，然后沥水、晾干，并不断重复利用这锅盐水。因为盐很珍贵，丢弃盐水的话会非常浪费，当地人就拿来重复多次利用。

享受美味

浸泡过数百次后，盐水开始发酵并散发出奇臭无比的气味。日本人认为，虽然它闻起来很臭，但是舔起来却很香。因为数百条鱼的鲜味已经融进臭盐水中了。有日本人专门利用臭盐水气味强烈、刺鼻这一特点，把泡在这种臭鱼盐水中的鱼干送到江户地区，江户那些有特殊气味偏好的日本美食家非常高兴和珍惜。这样，著名的"臭鱼干"就诞生了。

臭鱼干的吃法

烤过的臭鱼干，肉质松软，跟强烈的臭味形成鲜明对比，这种复杂又细腻的味道让日本人联想到奶酪的美味。在居酒屋喝加冰的烧酒时，品尝松软的臭鱼干肉就成为一种美妙的享受。在家烘烤时，请注意不要让排风扇漏出的气味影响到附近的居民。

臭鱼干的制作过程

蓝色竹荚鱼是十分受日本人欢迎的鱼类，日本人会趁新鲜去除内脏，将其切开，用流水清洗污垢，然后沥干。将鱼浸泡在臭鱼盐水中约1天后，用水冲洗干净。将鱼一条挨一条地摆在竹百叶盒子内，在阳光下晾干，然后在冷风干燥机里放一天，即可完成。

臭鱼盐水令人不可思议

臭鱼盐水里富含维生素和氨基酸，因此曾被草药资源匮乏的日本人当作药物用于治疗便秘、腹泻、感冒等。据说，以前日本每个家庭都有自己值得骄傲的储存多年的臭鱼盐水。日本人经常会说"如果是感冒，某某家的臭鱼盐水非常有效"之类的话。毫无疑问，发酵液对人体有益，但令人惊讶的是，臭鱼盐水中的微生物产生的抗生素，还可以作为外用药用于治疗创面伤等。这种天然抗生素不仅可以防止细菌的滋生，而且还是一种神秘的调味料。

豆腐糕

豆腐糕是日本人从中国学来的一种食品，在中国它被称为"腐乳"，是一种红色的黏稠状的形似骰子的豆腐制品。当用牙签刮下米粒大小含入嘴中时，如奶酪般的醇厚香味在口中扩散，味道鲜美奇香，之后再喝一杯泡盛酒，堪称完美。因为做豆腐糕的时候会用到泡盛酒，所以二者组合的口感毫不违和。日本人做豆腐糕用的是琉球特产的大豆。琉球王国的医师所著的《御膳本草》中说："豆腐糕香甜味美，具有开胃的作用，而且对各种疾病的恢复都有好处。"它富含蛋白质和脂肪，据说可以有效保护肠胃黏膜和增强肝功能，因此对身体健康很有好处，深受琉球人民的喜爱。

豆腐糕的历史

豆腐糕的原型是琉球从中国引进的腐乳。当时，腐乳味道偏咸，因此未被日本人直接接受。琉球的厨师们发明了一种方法，利用泡盛酒来减少盐分，并使之长时间保存。后来通过进一步改良，制成了一种口感绵密、被称为"东方红奶酪"的神秘豆腐糕。

豆腐糕的制作方法

豆腐制造 ➜ **豆腐干燥** ➜ **蘸汁** ➜ **熟成**

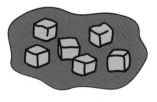

将比普通木棉豆腐更硬的琉球大豆豆腐切成3厘米见方的骰子状。撒上盐，用布盖上，放在阴凉处晾干。

等豆腐表面干燥后，将其切成更小的块，放在阴凉处，直到其表面干燥为止。

将红曲（蒸米饭撒上红曲菌制成）在泡盛酒中浸泡一夜，放入研钵中捣碎，根据个人喜好加盐或白糖。

将阴干的豆腐块用泡盛酒洗净后放入蘸汁中浸泡，2个月后即可食用。但熟成的时间越长，豆腐变得越软，口感也会变得越柔和、醇厚，所以最好浸泡6个月左右。

红曲

红曲跟制作味噌和酱油时使用的曲是同类，它喜欢炎热潮湿的环境。除琉球群岛以外，在中国也经常被使用。中国台湾地区生产的红酒是在蒸好的糯米中添加红曲和水进行发酵，然后加入米制蒸馏酒和米酒制成的。它味道清淡，口感像绍兴酒，但是熟成 1～2 年后，就会变成金色的酒。此外，中国台湾地区的名菜红糟肉，使用的就是通过发酵红曲和米饭制成的调味料。红曲近年来作为保健食品倍受关注，因为它还有降低血压的作用。此外，红曲还被当作蟹味鱼糕、鱼肠和草莓味糖果等各种食品的天然的安全色素使用。

各种发酵豆腐

腐乳

腐乳是由中国人发明的发酵食品。白色的是白腐乳，红色的是红腐乳。还有一种绿腐乳口感细腻醇厚，盐含量比日本的豆腐糕高，因此可与稀饭一起食用或者用来做调味料。还可以将腐乳与蛋黄酱混合制成蔬菜蘸酱。腐乳的制作方法是将硬豆腐切成小方块，放入竹蒸笼中蒸熟。然后一层稻草一层豆腐地依次堆放在平面盛器上，制成霉豆腐。将霉豆腐浸泡在盐水中以去除霉菌后，放入罐子中，再添加白酒和其他调味料（如盐、红曲、酱、辣椒等）进行腌渍，熟成几个月到一年的时间。在罐子中，乳酸菌和丁酸菌发酵，会产生一种被称作"东方奶酪"的独特风味。

味噌豆腐

豆腐类酱菜主要是在日本熊本县生产。制作方法虽然各异，但基本上都是将硬豆腐先蒸熟，再风干，然后切成适口大小，放入味噌酱中腌渍 3～6 个月。在熊本县，味噌酱被称为"熊熊"，是通过在大豆、小麦、米曲中添加盐水或者酱油、料酒等调味料制成的。米曲中的物质将豆腐中的蛋白质分解为氨基酸，使豆腐变得黏稠而浓厚，不禁让人联想到如奶油般柔和的奶酪、鹅肝和鱼肝。味噌豆腐可以直接和醪糟一起作下酒菜，也可以将其与黄油混合后涂在面包上，或用来做军舰寿司。

臭豆腐

臭豆腐是中国南方地区发明的发酵豆腐。顾名思义，它具有一股刺激的臭味。臭豆腐制作时会浸泡在含有大量纳豆菌和丁酸菌的植物发酵液中，因此会散发出强烈的臭味。尽管如此，在中国各地的小吃摊上的臭豆腐却酥脆可口，可用来搭配人们喜欢喝的啤酒、白酒。臭豆腐中的丰富维生素和由大豆蛋白制成的各种活性肽，可以有效地增强肝功能并缓解疲劳。

毛豆腐

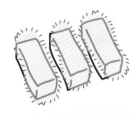

毛豆腐是中国安徽省黄山市附近的传统美食，并以其独特的外观而闻名，豆腐的表面被蓬松的白色霉菌覆盖。发酵的复杂风味让人联想起奶酪。

糠渍河豚子

糠渍河豚子是日本石川县的美川町和能登半岛等地从江户时代流传下来的传统食品。这里所说的河豚子是含有剧毒的河豚卵巢，它是琥珀色的，皮很厚，犹如大鳕鱼子。虽然它味道很咸，但口味浓郁，非常适合搭配着浊酒食用。也可以略微烤一下食用。虽然它适合作下酒菜，但也可以将它与米饭混合制成饭团，或用来做茶泡饭、意大利面等。本来是含有剧毒的河豚子，通过发酵可以将毒去除，发酵的世界真的是一个神秘而有趣的世界！

河豚子除毒

在日本大阪，人们爱吃"河豚寿司"和"河豚火锅"，但对河豚卵巢却敬而远之，因河豚卵巢含有一种叫作河豚毒素的剧毒。日本的石川县有加工河豚卵巢的技术，因此卵巢一般都聚集到这里。一只大型河豚的卵巢可以夺走15人的生命。那么可怕的毒素是如何被去掉的？特别是在遥远江户时代，人们如何发现除毒法的？但可惜，至今仍然是一个谜。

用盐腌渍

将河豚卵巢放入塑料容器中，撒上浓度为30%的盐，并腌渍半年至一年。在此期间，河豚鱼卵巢中的水会不断流失，同时约80%的毒素会被排出，但是仍然残留了约20%的毒素。

腌渍、发酵、熟成

用水冲洗盐腌的河豚卵巢，以去除盐分，然后将其放入木桶中，用米糠和曲霉菌腌渍，并放上沙丁鱼鱼露后，压上重石。在用米糠腌渍的时候，乳酸菌和酵母菌等微生物，可以去除残留的毒素。如果在秋季开始腌渍，则等到过完雨季，发酵就完成了。如果是在酒糟中腌渍的话，还可以再腌渍一个月，当酒糟腌渍后，咸味会消失，甜味会散发出来。

小知识

打开木桶的盖子，可以看到一条浸有鱼露的绳子缠绕在顶部。这条绳子相当于滤纸的功能，洒上鱼露后可以去除杂质。

各种糠渍鱼

在日本，市面上有各种各样不同的米糠渍鱼。基本制作方法为：将鱼的头部和内脏去除，用盐腌渍，用清水洗净，放入由米糠、曲霉和辣椒制成的腌渍床中，并洒上之前的盐水（或鱼露），盖上盖子，压上重石，发酵并熟成半年至1年。除了下面介绍的米糠渍鱼外，还有糠渍鲱鱼、盐糠渍沙丁鱼 、盐糠渍鳕鱼、糠渍秋刀鱼等。

糠渍沙丁鱼

这是日本石川县的传统食品。先用大量的盐腌渍沙丁鱼，得到的汁液和海水的混合物还可以用于腌渍河豚子。将用盐腌过的鱼肉再放入米糠里腌渍，即成糠渍沙丁鱼。可以将其烧烤后与萝卜泥一起食用，也可以捣碎做成炒饭的辅料。

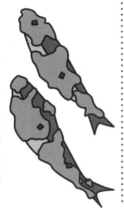

扁压糠渍鱼（Heshiko）

这是日本福井县的传统食品。用鲭鱼做的扁压糠渍鱼很有名，沙丁鱼、河豚和鱿鱼也可以用来做扁压糠渍鱼。据说它的名字源于其被压着重石而腌渍的方法。

糠煮鱼

这是日本福冈县北九州市的传统食品。它不是用米糠腌渍的，而是把青鱼（或鲭鱼、沙丁鱼等）用盐腌渍后，用清水洗净，然后添加米糠酱、粗砂糖、酱油、酒等一起煮制，每天煮2～3小时，共煮3天，直到鱼骨变得柔软，才能完成制作。

各种发酵解毒

除糠渍河豚子之外，苏铁味噌也是一种用发酵解毒法制作的食品。此外，中国和缅甸也有类似的食品。做法是采摘具有怪味的野生茶叶，放入竹筒中，然后埋在土壤中约1年，土壤中的微生物可以帮助去除茶叶的怪味和毒性，使之变得可以食用。在波利尼西亚，人们将面包果的果实埋在土壤中，等发酵去除怪味后再将其制作成主食。在埃塞俄比亚，有一种被称为"象腿蕉"的香蕉树，人们会将其一部分叶子包裹起来并埋在土壤中，发酵2～6个月。日本的银杏虽然无毒，但如果将其带皮埋在土壤中，在微生物的作用下，就很容易去除怪味，真的是令人佩服。

面包果

香蕉树

碁石茶

茶是生活必需品，早晨刚睡醒时、工作累了时、和朋友聊天时都想要喝一杯茶。茶在世界各地都很流行，日本的主流茶是煎茶、绿茶等未经发酵的茶。当然，也有后发酵茶，例如德岛县的阿波晚茶和富山县的吧嗒吧嗒茶。此处，我将介绍高知县大丰町的极品碁石茶。尽管是茶，但它又酸又苦，还带有一股像汤料一样的味道，但口味特殊的日本人却觉得这种茶很好喝。

稀有的发酵茶

碁石茶则是通过微生物发酵而成的，是很稀有的发酵茶。中国云南省的少数民族制造的酸茶是日本碁石茶的起源。传入日本的时间未知，但被日本人争相模仿。

碁石茶的健康效果

碁石茶距今已有至少400年的历史，因为在日本江户时代末期的《南路志向》中就有"本川碁石茶，上品也"的描述。当时，碁石茶非常贵重，甚至可以用来和盐交换。当时的濑户内地区的井水含盐量过多，并不适合制作普通茶，因为摄入过多的盐会损害人体健康。但是，最近人们才知道，这样的井水与碁石茶很相宜，可以用作茶粥的汤料，而且其中的菌类也有助于保持健康。

碁石茶的饮用方法

准备2升开水，加入一饼碁石茶茶叶，煮约10分钟。冷热皆可饮用。利用其独特的味道，可以添加红薯制成茶粥，也可以添加土豆和培根等制成汤，还可以添加蜂蜜、白糖和明胶制成甜味果冻，都很美味可口。因为制作碁石茶比较费时，所以成品多少有点贵，但是考虑到一饼茶叶可以煮2升茶水，且含有丰富的乳酸菌，有益健康，也就让人觉得并没有那么贵。

碁石茶的制作过程

1 栽培茶叶

位于日本吉野川上游的大丰町，地处山坡地区，具备晨雾多、温差大、日照时间长等诸多种茶的有利条件。普通茶叶5月份左右可以采摘嫩芽，而碁石茶用的茶则要在6月份左右才能带着树枝采摘。茶叶栽培采用的是无农药栽培。

2 蒸茶叶

将带枝茶叶装入大蒸桶，在中间留一个空气孔，然后放在大锅上，用木柴烧火，蒸约两个小时。蒸好之后，叶子会从树枝上脱落下来，将茶树枝干燥后可以用来点火。将蒸出来的汁液收集起来，之后也会用到，因此不会浪费。

3 发酵茶叶（前发酵）

将蒸过的茶叶运到制造车间中，以蓬松状态堆积在带有黑色霉菌的草席上，然后再盖上一层草席。草席上的霉菌会慢慢地使茶叶发酵。温度会由于发酵而升高，请用手触摸进行确认。当温度达到约45℃时，需要用脚踩踏以除去茶叶里的空气并降低温度。如果放置不管的话，茶叶就会变黑、变酸。5～7天后，状态好的话会出现白黄相间的煎蛋卷状霉菌，这是第一次的有氧发酵。说到霉菌制作，绝对忘不了已故的碁石茶制作大师——小笠原章富先生。他经验丰富，能"根据自己多年的感觉去判断"，他脸上总是带着手工艺人的淳朴微笑。

世代传承碁石茶工艺的小笠原章富先生

4 腌渍茶叶（本发酵）

将发霉的茶叶装满一个大木桶，倒上之前蒸出来的汁液和蒸锅中的水，压上一块与茶叶和蒸汁加在一起相同重量的重石。然后开始发酵。茶叶发酵的力量甚至能够抬起小屋的屋顶，真是太不可思议了。发酵大约进行1周，重石开始下落。发酵过程大约持续20天，这是第二次的厌氧发酵。

5 切取茶叶

穿上干净的长靴，踩进木桶里，用长柄厨房刀切出长25厘米的茶块，放在大砧板上。将约10厘米厚的茶块上面切成边长约3厘米的正方形。

6 浸渍茶叶（后发酵）

将切取好的茶叶块再次放入木桶里，一天两次用脚踩踏浸渍，这样可以防止杂菌侵入。这是第三阶段的发酵。

7 干燥茶叶

选择连续晴天的日子，在庭院里铺一张草席，晾干茶叶。用手将小茶块撕成0.5～1厘米厚的茶片，在草席上一一排列，使之晒干，然后在晚上收回室内。如果未充分发酵的话，茶块将不会变硬。即使变干，霉菌也会被锁在茶叶中，因此这一过程要重复5遍，使它们彻底干燥后再保存。

寒造里

寒造里是日本新潟县妙高市特产的一种调味品，由红辣椒、柚子、曲和盐简单腌渍而成。辣味中含有独特的酸甜味，不仅可以用来做肉菜和鱼，还可以用作饺子蘸料和火锅调料，堪称是万能调味料。

寒造里的历史

在过去，每个家庭都会自制寒造里，人们用捣碎的辣椒与盐、味噌、酒糟等混合后放入罐子中发酵制成。妙高市是日本降雪最多的地区之一，冬天的夜晚非常寒冷。为了抵御寒冷，人们晚上都聚集在地炉前，就着自制寒造里喝自制的米酒。关于寒造里有各种各样的写法，因为在寒冷季节制作的话可以防止杂菌繁殖，所以也写作"寒造"，还有一个说法是因为它是用研钵将辣椒捣碎制成的，所以也写作"寒擂里"。

寒造里的制作过程

春季种植的红辣椒在夏季收获，秋季挑选未损坏的红辣椒并用海盐腌渍。冬季，在纯洁的白色雪上撒上红辣椒进行"晒雪"。在雪中晒3～4天后，将红辣椒捣碎，并添加柚子碎、曲、盐，静置3年以上，3年后将容器在隆冬时节带到户外进行"冷冻"即可。

为什么要在雪里晒红辣椒？

在日本多雪的地区，一到冬天就会用稻草制成小型洞式仓库，用来保存根茎类蔬菜和叶类蔬菜。因为小屋是埋在雪中的，所以等挖掘出来吃的时候蔬菜仍然很新鲜，甜度也会增加。受到这种"越冬蔬菜"的启发，日本人将红辣椒晒于雪中来增加甜味，这样可以去除涩味和咸味，使其成为美味的红辣椒。

为什么寒造里需要经过长期熟成？

寒造里的原料红辣椒和盐，具有防腐和驱虫作用，并且具有很强的抑制食物变化的能力，而曲则具有发酵能力。因此，需要熟成3年以上的时间，才能使红辣椒、柚子、曲的各种味道互相融合。在这段时间里，乳酸菌和酵母菌混合在一起，使辣椒的辣味变成温和的味道。如果3年后味道仍然不太好，那就需要再放置两年。

曲的魅力

曲是发酵食品中不可或缺的角色，
酒、味噌和酱油中都使用了曲，它还象征着发酵文化。

什么是曲?

大多数发酵食品都是经曲霉菌、乳酸菌、酵母菌、醋酸菌和纳豆菌等微生物的作用制成的,其中由曲霉菌发酵制成的食品所占的比例特别大。为什么它在发酵食品工业中如此重要?对曲的真实面貌了解得越多,就越会懂得它的价值和用处。

曲霉菌喜欢的环境

*需要水、氧气、适宜的湿度。

*耐低温,不耐高温。适宜存活的温度为35℃左右。

*pH值偏弱酸性。

曲霉菌喜欢的"食物"

曲霉菌主要出现在蒸熟的大米、小麦和大豆等谷类上。它的营养来源包括糖类、氮类、矿物质等。

曲霉菌喜欢的生长场所

曲霉菌喜欢生长在温暖而潮湿的地方。它广泛分布在自然界中,尤其是在稻田周围和自然资源丰富的山野里。在无农药栽培的水稻上,带有一种被称为"稻曲"的霉菌。有人视它为"稻曲病"的制造者,并用药物驱除它。但是在过去,这种稻曲被撒在大米中,繁殖后制成米曲。即使到现在,也有一些酿酒商从这种稻曲中提取曲霉菌来酿造清酒。另外,在竹林等堆积了腐烂落叶的地方,可以看到白色的东西附着在落叶上,这也是曲的一种,被称为土着菌。人们经常培育这种土着菌来用作稻田的有机肥料。

无农药栽培水稻上附着的稻曲

白色的土着菌

曲的名称

长在大米上的曲称为"米曲"，长在小麦上的曲称为"麦曲"，而长在大豆上的曲则称为"豆曲"。

在日本很常见的汉字——"麹"字，是奈良时代早期从中国传入日本的。在中国，因为经常使用小麦来制作曲霉菌，所以人们便使用了"麦"字作为偏旁。而在日本，经常用大米来制作曲霉菌，因此在江户时代，米字旁加上"花"，形成了"糀"这个字。仔细观察米曲，可以看到米上盛开着白色的"花"。

日本具有代表性的曲是用来酿造日本酒和甜酒的黄曲霉菌，用来制作酱油和味噌的酱油曲霉菌，用来制作鲣鱼干的干霉菌（鲣鱼干菌），用来酿造烧酒的白曲霉菌和黑曲霉菌，用来酿造泡盛酒的泡盛黑曲霉菌，用来制作豆腐糕的红曲霉菌等等，各种曲在上述食物中起到了促进发酵的积极作用。

	形状	种曲形状	曲形状
黄曲霉菌			
白曲霉菌			
黑曲霉菌			

用曲制作的产品

日本料理中许多调味料和酒制作时都会用到曲。除了曲，用到的原料还有大米、糯米、大豆、小麦、盐等。用如此简单的原料就可以做出各种各样的风味的食品，大概是因为日本人向来就重视曲，能够跟它和谐共处。

清酒
大米＋米曲＋水

烧酒
大米/小麦/红薯等＋曲＋水

料酒
糯米＋米曲＋米烧酒

醋
大米/糙米/谷类等＋曲＋水

味噌
大豆＋米曲＋盐

酱油
大豆曲＋麦曲＋盐水

甜酒
大米＋米曲＋水

咸菜
各种蔬菜＋米曲＋盐

曲霉菌是霉菌吗？

曲霉菌是"霉菌"的一员。虽说是霉菌，但与让食物变质的腐败菌和致病的病原菌等有害菌不同，曲霉菌是发酵时产生的对人体有益的菌。有研究还证实，用于发酵的曲霉菌没有难闻的气味或味道，并且不会产生对人体有害的毒素——黄曲霉毒素。

卖"种曲"的日本人

在日本的《延喜式》中有用"糵（生芽的米）"酿造清酒的记录。"糵"的意思可能就是"米上有蓬松、毛茸茸的霉菌"。另外，从清酒业称种曲为"生芽的米"来看，可以认为"糵"等于"种曲"。"种曲"指的是制作米曲等所使用的曲的"种子"，将其撒在蒸熟的米饭中，使其繁殖制成米曲。在日本平安时代，出现了一群培育种曲的工匠，而到了日本室町时代，京都有数家销售种曲的商店。说明日本很久以前就有了"发酵微生物"的买卖活动。

关系融洽的微生物们

糖不仅对人类来说是一种美味，对其他细菌来说也是"美味佳肴"。例如，在酿酒过程中，当曲霉菌将蒸熟的米饭中的淀粉转化为糖分时，乳酸菌和酵母会聚集在糖分的周围。酵母以糖分为原料来生产酒精和二氧化碳，而乳酸菌则产生乳酸，防止不必要的杂菌生长，这样就制成了美味的酒。此外，当醋酸菌经不住美酒的诱惑而加入时，酒就会变成醋。通过这种方式，微生物们友好协作，共同创造出许多美味的发酵食品。

最近的研究表明，当曲霉菌产生的"葡萄糖神经酰胺"附着在酵母上时，酵母会产生耐碱性，甚至还会散发迷人的香气。

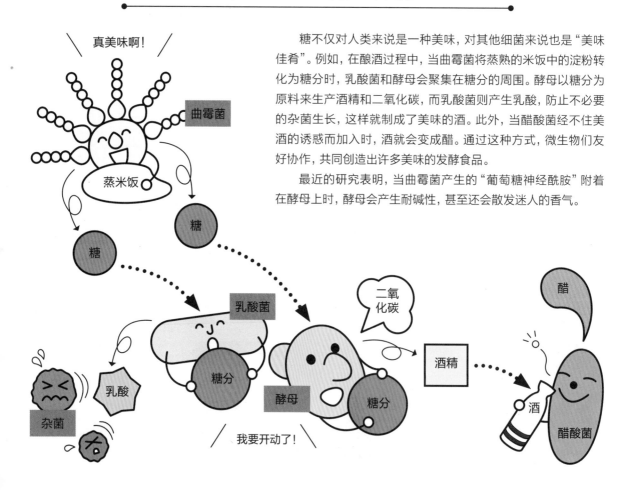

被选中的优良的曲霉菌

制作种曲需要木灰。将蒸熟的米饭和木灰混合，可以形成碱性环境。如果再添加稻曲，那么除曲霉菌以外的各种杂菌都将无法生存，因此可以培养出纯曲霉菌。从中选择"味道好，生长稳定"的优良曲霉菌，并进一步培养，制作出更好的种曲。在一千多年以前，人们还不了解木灰是碱性的，当时的人们是如何想出这种方法的不得而知。即使在现代的种曲培养中，木灰也被用来培养某些被选中的优良的细菌，但是经过人工培养出来的纯曲霉菌却很脆弱，很难在野外环境中存活。

酶的作用

当曲霉菌的孢子附着在蒸熟的米饭等上时，就会发芽并不断地生长菌丝。在此过程中，还会产生一种被称为"酶"的物质来分解大米。酶的作用就像剪刀一样，将蛋白质链条"咔嚓咔嚓"地剪成小段。与动物在体内进行的分解作用不同，曲霉菌是在"体外"进行分解作用的：将蛋白质转变为氨基酸，将淀粉转变为糖，将脂肪转变为脂肪酸，并以此作为自己的营养源。酵母是"小体格"的，所以不能吃"大块头"的糖，但是可以吃由曲霉菌切成的"小块儿"糖，对于人体来说，切成"小块儿"的营养成分也更容易被吸收。

经过工业提取的酶可用于各种行业，例如用于制造消化酶等药品，以及用于制造洗衣粉、肥皂、浴盐等洗护品。除此之外，它在人们肉眼看不见的地方也发挥着作用，比如可以分解植物纤维，分解果汁中所含的果胶以去除混浊物，使深色的葡萄酒脱色。此外，人们越来越期望将其用于环保方面，例如利用微生物酶分解厨房垃圾、家畜粪便等，使之转化为生物燃料。

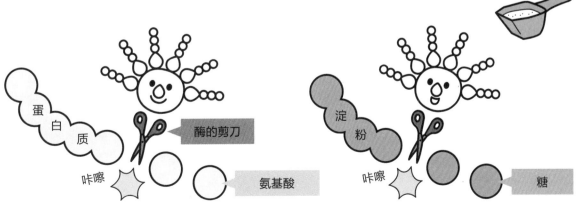

曲是上天赐予的礼物？

在日本奈良时代初期所出版的《播磨国风土记》中有这样的记载："献给上天的米饭变湿发霉后就酿成了酒。"据说长在大米上的霉菌就是曲霉菌的起源。

当时的日本民众为了祈求丰收，将花费时间和精力制作的珍贵的"蒸米饭"献给上天，而后曲霉菌在蒸熟的米饭上开始繁殖，尝一口，米饭居然变得有点儿甜。有时雨水落下混入米饭中，居然变成了米酒，舔一口觉得味道不错。自然而然地，人们就将曲霉菌视为"上天赐予的礼物"了。

曲可以用来酿酒

包括中国、朝鲜、日本在内的东亚一带，以及整个东南亚，还有尼泊尔、不丹等国家都是用曲来酿酒的。日本多使用"散曲"，其他国家使用的是"曲饼"。散曲是以蒸熟的谷物为原料，而曲饼是直接将谷物磨成粉状并用水糅合，做成丸子型、饼型和煎饼型，放入曲室（制曲的房间）使之繁殖曲霉菌而成的。

日本人经常喝的米酒，也是用曲酿造的。这种酒最初是中国的农业劳动者在休息时饮用的，度数低，有甜味，并且蛋白质含量丰富，因此非常适合为疲惫的身体补充能量。我眼前浮现了一幅日常生活的画面：下班回家的路上，在酒馆喝一杯从铝壶中倒出的富含酵母的米酒，吃一口富含乳酸菌的咸菜，烦恼立马烟消云散，第二天又可以元气满满地工作了。

我们一起来看看米酒的制作方法。与日本清酒一样，制造它的人很多，制造它的方法也很多，下面介绍一些易于操作的方法。

米酒的制作方法

1）制作曲饼

磨好的小麦粉掺水后混合在一起，揉成团，用布包起来，并定型。将其放在铺有艾蒿或桑叶的温暖容器内（32～40℃），并在上面盖上叶子，以使植物上附有的曲霉菌和酵母进行繁殖（需要7～40天）。

2）制作醪糟

将曲饼碾成粉末，放在水中浸一晚，加入蒸熟的糯米（或大米、小麦等），混合拌匀后放置约3天进行发酵。

3）过滤酒液

用布或漏网粗略过滤，或者轻轻地将上层的酒液舀出，再用漏网过滤下层杂物即可。

制作米曲

米曲是制作盐曲、甜酒和味噌必不可少的原料。制曲室中要保持适当的温度和湿度，而且要时刻关注温度和湿度的变化，要像对待自己的孩子一样小心翼翼地培养米曲。制作米曲时，曲霉菌要以含有水分的谷物为培养基，使菌丝生长，并吸收被酶分解出来的营养成分，所以要为它准备容易生长菌丝的米饭，并保持适宜它生长的温度。虽然在家制作米曲需要一定的工具和技术，但手工制曲成功后，你会获得一种成就感。高温的夏天比寒冷的冬天更容易制曲。即使制作不成功，也可以将其变成盐曲，作为调料使用。

制曲需要的材料

大米600克

捣碎的干燥曲2大勺（约20克）

或者

种曲1小勺（约3克）

★微生物越多越容易成功。

制曲需要的工具

蒸锅和蒸笼：
需要准备直径
24厘米以上的
木质蒸笼和与
之相配的大锅

保温箱（4升左
右的容量）

可装热水的塑料瓶2个
（每个容量在350毫升
左右）

或者

小热水袋（容量为500毫升左右）

棉布（50×60厘米左右）

温度计

报纸
大碗
大漏网

制曲的步骤

制曲需要4天时间，因此最好选择能长时间呆在家里的时候来制作。甚至有一些发酵爱好者会把保温箱带到工作单位制作！

 晚上，将大米淘洗干净，并浸泡在水中。

 早上，将大米中的水沥干，并放入蒸锅中蒸熟。撒上种曲，放入保温箱中静置一夜。

第三天 早上将大米散开，傍晚检查一遍米曲的温度。静置一夜。

第四天 早上再检查一遍米曲的温度，中午米曲就制成了。

第一天 洗米→浸泡

前一天晚上，将大米和水放入碗中，用手轻轻地洗2～3次，尽量不要破坏大米的营养，放在约是大米重量的两倍的水里，浸泡一晚（或5～7小时）。盛夏时，可用冰水冰镇或放入冰箱冷藏。

第二天 沥水→蒸米→撒上干燥曲或种曲→放入保温箱

1） 第一天早晨，如果发现原本半透明的大米吸水变白，就将其放入漏网里，静置1.5～2小时，彻底沥干水。

2） 在蒸笼里铺上棉布，将沥干水的大米放在棉布中，并用手抚平表面，以保证蒸制时均匀受热。然后将棉布向里折起，将米包好。

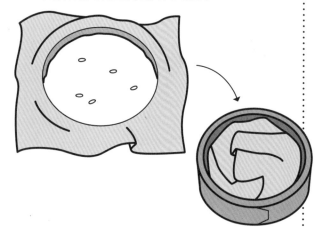

3） 大锅中倒入足量的水。为了防止烧干，可以多倒入一些水。在锅上面放好蒸笼，等水沸腾后，用大火蒸制约40分钟。

4） 蒸熟后，用手指捏一捏米粒，确认是否蒸熟。如果表面干燥且比较硬实，而且内部已经没有白芯了，就成功了。

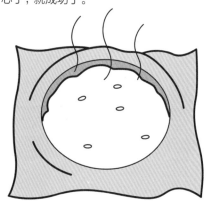

5) 从蒸笼中连棉布一起将米饭取出来，摊开散热，插入温度计观察温度变化，同时将米饭拨散。开始时米饭会很热，注意不要烫伤！直到米饭冷却至40℃以下。如果米饭粘在一起，曲霉菌就很难生长，因此请尽可能地揉开每一粒米饭。注意冬天不要放置得太久，否则米饭会太凉，将捣碎的干燥曲或种曲撒在米饭上并混合均匀。

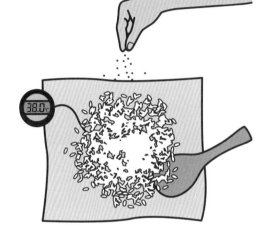

6) 混合之后，请保持温度计插在米饭里面的状态，然后用棉布紧紧地包裹起来，以免热量流失。

7) 将报纸铺在保温箱里。在两个塑料瓶里分别装入约70℃的热水，也放入保温箱里。再放入包裹好的蒸米饭，然后将温度计提上来一截（前端仍插入米饭中），盖上盖子。在这一过程中，当温度变低时，请替换塑料瓶中的热水，当温度过高时要减少塑料瓶的数量，使温度保持在30～33℃。

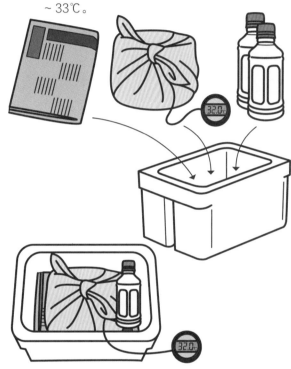

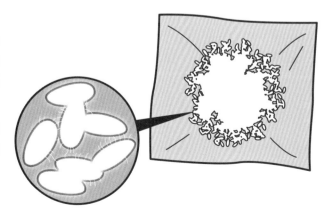

第三天 翻米→检查温度

1) 第二天早晨，为了使米饭各处的温度和湿度能保持均匀，先解开棉布，然后仔细将米饭翻动一遍。如果闻到淡淡的香味，就说明发酵进行得很好。继续使温度保持在30～33℃。

2) 到了傍晚，米曲生长并开始散发热量，请保持温度在36～40℃。注意，这一步经常会因为没有时刻观察而造成温度下降。

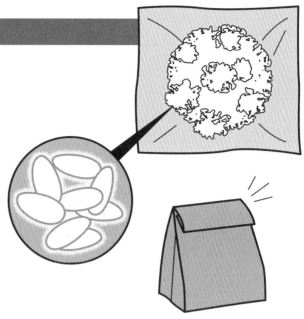

1) 第三天早晨，大量的曲霉菌生长出来，散发出浓郁的香味，此时温度需要维持在40～43℃。

2) 中午时分检查一次米饭的变化。如果此时的米饭上像均匀地撒了一层面粉，且米饭都粘在一起，尝一下是带有甜味的而不是酸味的，就说明成功了。

3) 将制好的米曲放入纸袋等吸湿性能强的袋子中，保存在冰箱里，并在10天内用完。试着用它做成甜酒，如果甜酒很甜，那就说明米曲制作成功了。如果不太甜，则可以用它来制作盐曲或酱油曲。如果不立即使用，做好后请将其用风扇吹两个小时左右，直至其完全干燥，这样处理后放入冰箱中可以保存三个月。

制曲的注意事项

⚠ 注意温度

制作时，前半段将温度保持在30～33℃左右，制造"美味"，后半段保持在40℃左右，制造"甜味"。如果米饭的温度降至20℃以下，曲霉菌会因受凉而变得不活跃。特别是冬天时，请放在温暖的房间中进行制作。春夏秋季气温高，因此更容易制作，但是如果温度超过43℃，则可能会因为太热而导致曲霉菌死亡。在这种情况下，需要解开棉布散热。

⚠ 注意湿度

制作时需要保持适宜的湿度，如果湿度太高，就要尽量排出湿气。

⚠ 重视浸泡、沥水、蒸煮过程

如果浸泡大米的时间过长或沥水不够充分，米曲就容易发霉，因此要将米饭蒸得硬一些。如果大米表面干燥的话，则米粒不容易粘在一起，就利于米曲生长。

一起来做制曲室吧

专业人士是在制曲室里制作曲的，这样可控制湿度和温度，打造适合曲霉菌生长的环境。这里介绍以保温箱作为制曲室的方法，但还有其他的方法可以选择。可以将米饭放入能保温的保温袋中，并放入装有热水的塑料瓶保温，还可以在家庭用品商超购买管子和接头，自己来组装架子。或者利用钢架子，在下面放置一个保温塑料板并盖上电热毯，做成制曲室。

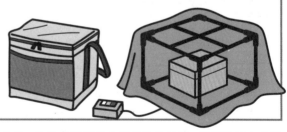

★此处，作者在征得对方同意的情况下，引用了日本发酵设计师小仓博久的制曲方法。

Chapter
4
——

参观发酵工厂

味噌的制作方法

持续发展的精酿啤酒

日本甲州味噌的制作方法

　　我参观了日本山梨县甲府市的一家叫作"五味酱油"的味噌制作厂。之所以用"酱油"作为商标，是因为这家工厂世代都是制作酱油的。目前，这里主要生产和销售当地特产甲州味噌。为了传播"味噌文化"，他们还致力于举办有关味噌的学术研讨会。

什么是甲州味噌？

　　甲州味噌是一种十分珍贵的、仅在山梨县制作的味噌。它是用米曲和麦曲各自参半制成的。因为混合了米味噌和麦味噌的香气，所以味道很浓，而且它的颜色很深。该地区有悠久的小麦种植历史，所以麦曲的制作历史跟甲州味噌的起源密切相关。

150多年历史的老字号

　　这家工厂占地面积约1000平方米，设有味噌的制作工厂仓库、销售处、味噌体验教室和一栋员工住宅。它自成立以来已有150多年的历史，但是由于战争期间的空袭，现有的建筑物是战后重建的。目前，经营工厂的五味仁先生是家族第六代传人。

发酵兄妹

　　被称为"发酵兄妹"的五味仁先生和他的妹妹洋子小姐带我参观了工厂。他们致力于普及发酵文化，积极参与各种活动和宣传节目中。

味噌制造 1　蒸大米、小麦

　　制作味噌的第一步是制作米曲和麦曲。将大米浸泡一晚（约15小时），小麦浸泡1.5小时，然后倒入大型专用压力锅中蒸煮。大米蒸煮时间为1小时，小麦蒸煮时间为0.5小时。当听到"噗"的一声响时，蒸汽便弥漫开来，这就差不多蒸熟了。

味噌制造 2 给大米和小麦加入种曲

　　打开压力锅的盖子，取出蒸好的大米和小麦，将其摊开在铺好布的桌台上，放至冷却。取一部分放入桶中，撒上种曲（粉状曲）做成"元种"。将元种与温度降到36℃的大米或小麦混合，并拌匀。

味噌制造 3 打散

　　使用粉碎机来打散带有种曲的大米和小麦的结块。隔一段时间再打散一次，目的是为了降低温度，并使每粒大米或小麦都能够均匀粘上曲霉菌。

味噌制造 4 在制曲室制曲

　　将添加了种曲的大米和小麦铺平在制曲的木板上，完成之后，将室内温度保持在30℃，并用加湿器保持湿度恒定。第二天，将这块木板搬到另一个装有温度传感器的制曲室，放置一晚。由于大米和小麦在制曲过程中温度的变化有差异，因此大米和小麦的制曲室是分开的。在制曲的过程中，关键是要将大米或小麦薄薄地铺在比第一天的木板的面积大6倍的新木板上，这样做可以使制曲过程中产生的热量更好地散发。

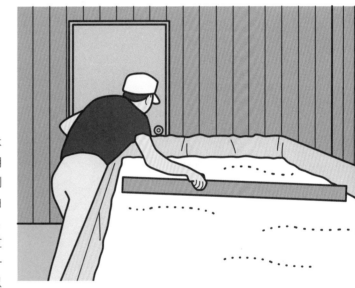

味噌制造 5 静置干燥

　　第三天，将长有曲霉菌的曲料从制曲室中取出，待其干燥4天，即可完成制曲。

味噌制造 6 蒸大豆

制曲完成的前一天，将大豆洗净并用水浸泡。在制曲完成的同时蒸大豆。将大豆放在一个容量为500千克的专用容器中蒸熟。该容器属于"第一类压力容器"，每年都必须由政府机关进行检查。

味噌制造 7 加入曲和盐

把蒸好的大豆捣碎，并用专用机器将预先准备的曲和盐与捣碎的大豆混合在一起。

味噌
制造
8

用旧木桶发酵、熟成

　　将大豆、曲和盐搅拌后的混合物装在一个大木桶中，盖上盖子并压上重石，以此来杜绝空气的进入，使之密封熟成。经过6～10个月（发酵时间因季节而异）后，香浓的甲州味噌就做好了。甲州味噌酿造季节主要在春季，食用季节则在冬季。

　　酿造厂里有10个老式木桶，据说木桶上都没有标记制造日期，连"五味兄妹"也不清楚是哪一年制造出来的。战争结束后，新建酿造厂时购买的木桶里好像有的木桶并不是新的（但其中有一些是拥有百年历史的木桶）。长年使用的木桶里应该栖息

着各种微生物，可能正是它们创造出了甲州味噌的风味。

　　2018年的时候，有个木桶的底脱落并坏掉了。第二年，工厂委托木桶工匠对其进行了修缮。近年来，虽然使用木桶酿造的味噌、酱油和清酒生产商正在逐渐减少，但是使用木桶代表了日本的传统文化，并且木桶工匠也在努力防止制作工艺失传。使用木桶制作味噌的"五味兄妹"也希望打造一家保护和传承木桶制造文化的味噌工厂。

工厂内的销售处

这家工厂还设有销售处，以供客人购买产品。市场上出售的一些味噌已经通过添加酒精或加热处理停止了发酵，但是五味酱油厂的所有味噌都还在继续发酵，有时包装袋会出现膨胀，这时候松开橡皮圈就好了。另外，在近十年的曲霉热潮中，很受欢迎的产品有米曲和麦曲。瓶装的盐曲、酱油曲和辣椒曲等，也在销售处可见。

自制味噌的体验教室

"KANENTE"是一个屋顶为富士山形状的体验教室，它是在2016年五味酱油厂新建后开业的。在这里主要举行自制味噌的体验活动。曾在泰国的一家日本公司从事味噌和酱油开发工作的仁先生，在大学毕业后回到了味噌厂，他做的第一件事就是从母亲那里接管味噌体验教室。与"发酵设计师"小仓博久先生合作后，味噌体验教室变得更有人气了，甚至到了需要在味噌厂里创建专用体验空间的地步。五味兄妹现在已成为当地发酵文化的引领者。

持续发展的精酿啤酒

我参观了总部位于东京的精酿啤酒制造商 Far Yeast Brewing（日本源流精酿啤酒）的啤酒工厂。这家工厂于2011年采用委托其他公司酿造的合作酿造方式。值得庆贺的是，2007年4月，这家工厂开始经营自己的工厂——"源流酿造所"。

源流酿造所

源流酿造所主要生产传统的"东京IPA"和"东京白"等啤酒，并且与海外啤酒厂合作生产限定款啤酒。

总经理是IT企业出身

这家工厂的总经理山田司郎是啤酒行业的独立冒险家，在开办过网络代理公司、参与过On the Everdoor（后来称为Livedoor即博客引擎）初期搭建后，他从剑桥大学商学院获得了MBA（工商管理硕士）学位。一般而言，日本精酿啤酒制造商通常扎根于清酒酿酒厂、旅馆等观光业和城市建设业中，像Far Yeast Brewing这种白手起家的新型创业企业非常稀有，但在对精酿啤酒投资活跃的美国，这种经营方式很常见。

 啤酒酿造 1　原料室的麦芽和啤酒花

原料室里贮存着啤酒的主要原料：麦芽和啤酒花。这里的麦芽以众多啤酒的基础麦芽——比尔森麦芽为首，其他酿造各种独特风味的各型的麦芽。不仅有大麦麦芽，还有调和比利时白啤的小麦麦芽和酿造新英格兰风格特需的浊酒燕麦。此时，啤酒花要保存在冰箱里。

麦芽很有嚼劲，香味也很浓郁，非常可口。可以直接食用，也可以作为佐酒的小吃。

加工成颗粒状的啤酒花，它的气味会随啤酒花品种的不同而变化还会随时代的发展而渐渐流行。

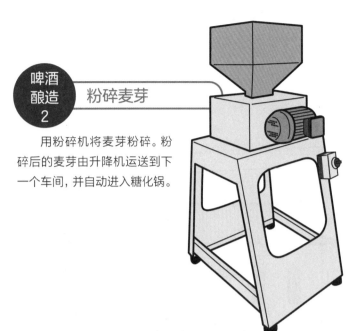

啤酒酿造 2　粉碎麦芽

用粉碎机将麦芽粉碎。粉碎后的麦芽由升降机运送到下一个车间，并自动进入糖化锅。

啤酒酿造 3　糖化麦芽

向盛有麦芽碎的糖化锅中倒入热水，加热，使麦芽中的淀粉转化为糖。在62℃下加热1小时，然后升温至72℃再加热20分钟。通过"逐步糖化"的方式使需要不同糖化温度的两种糖化酶（α-淀粉酶和β-淀粉酶）都能够充分发挥作用。糖化完成后，用泵将麦芽汁转移到麦汁过滤锅。

啤酒酿造 4　过滤麦汁

在麦汁过滤锅内部，麦汁穿过麦芽壳被过滤出来，从过滤锅底部流出清澈的麦汁。整个过程就像滴滤咖啡一样。不要加压过滤，因为会对啤酒的风味产生不利的影响。过滤到一定程度后，从过滤锅上方倒入热水，进一步过滤麦汁，然后将其转移到煮沸锅中。

啤酒酿造 5　煮沸麦汁

将麦汁在煮沸锅中煮制约70分钟，中途添加啤酒花。东京IPA啤酒在酿造时，每3000升麦汁需要投入10千克的啤酒花。之后，发酵过程也需要加入10千克啤酒花，这样总共需要使用20千克啤酒花。这相当于大型啤酒酿造厂酿造拉格啤酒时使用的啤酒花量的3～5倍。根据啤酒种类的不同啤酒花的用量也不同，也有使用少量啤酒花的啤酒，如小麦啤酒等。

酿造厂的墙壁上有艺术家的壁画

滑板涂鸦艺术家DISKAH（中文译为"磁盘"）在酿造厂的墙壁上画了一副涂鸦，描绘了啤酒的生产过程。

糖化锅　　　　麦汁过滤锅　煮沸锅

啤酒
酿造
6　　发酵

　　将酵母添加到冷却的麦汁中，然后一起放入发酵罐（fermenter）中发酵。源流啤酒酿造厂会将发酵过程中产生的所有二氧化碳排放到室外。因此，发酵罐附近总是飘着啤酒的香气。之所以要排气，是因为二氧化碳会导致发酵罐内的气压上升，会阻碍酵母的活动，从而停止无氧发酵。发酵期约为2周。对于IPA等需要干啤酒花（在不加热的状态下散发出啤酒花的香气）的啤酒，在发酵过程中要继续添加啤酒花。

发酵罐的排气软管的出口放有一个盛水的桶，水里冒泡就说明发酵正在进行。

啤酒酿造 7

瓶内二次发酵

从发酵罐中取出的液体含有酵母，对其进行离心分离，然后添加新的酵母和糖，装瓶。在瓶中进行大约2周的二次发酵，此过程中运用和酿造香槟相同的原理实现啤酒的碳酸化（即起泡）。

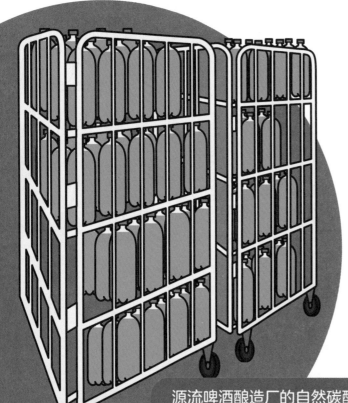

二次发酵室应保持阴凉，以保证质量。

源流啤酒酿造厂的自然碳酸化

泡沫是啤酒必不可少的一部分，可以给人带来清爽的口感。这种泡沫是如何制成的呢？许多啤酒厂会使用"强制碳酸化"的方法，人工将二氧化碳渗透到啤酒中。但是也有少数例外，源流啤酒酿造厂里所有的啤酒都是通过在瓶中进行二次发酵的"自然碳酸化"来制造啤酒泡沫的。在密闭瓶中发酵产生的二氧化碳溶解在啤酒中，就可以自然起泡。由于瓶中的氧气在二次发酵过程中被酵母消耗，因此这种做法具有防止啤酒氧化和稳定品质的优点。

桶装陈酿

　　源流啤酒酿造厂还进行啤酒的桶装陈酿。这一过程中使用的酒桶不是新的，而是附近的葡萄酒厂使用过的葡萄酒桶。美国波特兰一家公司以其高品质的桶陈啤酒而闻名，这家公司一名美国籍工作人员被挖到了源流酿造厂，负责桶装陈酿的项目管理和技术指导。用木桶熟成的啤酒带有酸味、水果味、桶香和酒香等复杂的味道，简单来说就是味道更多样了。熟成的时候，将产自酿造厂当地山梨县西部的樱桃与熟成的啤酒一起装入木桶中。这家厂的负责人认为"啤酒厂发展的正确道路"之一是大力发展桶装陈酿，并且计划将来把啤酒厂和桶装陈酿厂建立在不同的地方，分开经营。

源流啤酒酿造厂的经典啤酒

东京金啤酒

金色的啤酒，啤酒花带有淡淡的水果香味。

东京白啤酒

稍显浑浊的接近白色的啤酒，具有均衡的酸度和水果香味。

东京IPA

使用比利时酵母和美国啤酒花的IPA啤酒。

大规模葡萄酒产地的小型家族葡萄酒厂

我还参观了日本山梨县胜沼町的丸三葡萄酒厂。据说，这家酒厂起源于江户时代，经营者是若尾家族。目前，丸三葡萄酒厂有两个品牌，一个是作为观光农业园运营的"若尾果树园"，另一个是葡萄酒酿造厂酿造的"丸三葡萄酒"。现在酿酒厂的第三代负责人是若尾亮先生，他以家族企业的"小规模酿造"为宗旨，现在其葡萄酒的年产量约为25000瓶。

游览"丸三葡萄酒"厂时，你的眼前会出现一大片葡萄架，你可以在这里尽情地采摘葡萄。

售卖处是一栋黄色的建筑，与绿色的葡萄叶子形成鲜明的对比，葡萄酒酿造车间就在售卖处的后面。

酿酒师是音乐家

丸三葡萄酒的负责人兼首席酿酒师若尾亮先生还是一位音乐家。他是"EL CARNAVALOW（卡纳瓦洛）"乐队的主唱兼长号演奏者。该乐队主要演奏诸如斯卡、摇滚、拉丁之类的混合音乐。若尾先生在开展音乐活动的同时致力于葡萄酒的生产和研发工作，他非常看重独立精神。他不仅制作美味的葡萄酒，还亲自去田野种植葡萄，亲自当售货员和配送员，是个务实的实干家。

胜沼葡萄和葡萄酒的历史

在日本江户时代，甲州街道的胜沼町的胜沼旅馆特别繁荣。甲州的葡萄与梨、桃子、柿子、栗子、苹果、石榴、胡桃等被誉为"甲州八珍果"。自日本明治时代以来，葡萄酒酿造业随着果树的种植而蓬勃发展。现在，甲州的葡萄种植和葡萄酒产区都在日本占据主导地位。

酿酒葡萄和食用葡萄

若尾果树园种植有酿酒葡萄和食用葡萄。酿酒葡萄的品种包括甲州、霞多丽、梅洛、味而多和马斯喀特贝利A等。就食用葡萄而言,包括特拉华葡萄、先锋葡萄、香印青提和其他珍贵品种在内,有20多个品种。

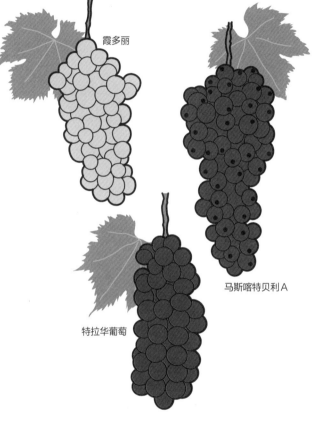

霞多丽

马斯喀特贝利A

特拉华葡萄

胜沼的象征——甲州葡萄

据说甲州葡萄作为日本的特有品种,已有1000多年的历史。它兼作酿酒葡萄和食用葡萄之用。它收获的时间很长,从每年9月底延续到11月初。传统上酿酒需要提早采摘新鲜的甲州葡萄,但是若尾先生并不拘泥于此,敢于采摘10月中旬以后的葡萄,这时候葡萄特有的橘香和酸味都已沉淀,可以做成味道温和、酒体饱满的葡萄酒。

甲州

葡萄栽培——篱笆和棚架

葡萄栽培包括篱笆栽培和棚架栽培,两者各有优点和缺点。日本一般采用棚架栽培。而在欧洲,篱笆栽培是主流。有人说,篱笆栽培的方式更适合于酿酒葡萄,但其优点和缺点似乎无法一概而论。在若尾果树园里,工人们分别使用棚架栽培和篱笆栽培两种方式栽培。若尾先生说,在日本湿度很高的地方,远离地面的用棚架栽培的葡萄不易患病。这家厂售卖处前的棚架为了供观光巴士停靠,所以棚架的位置很高,那里栽培的葡萄几乎没有病害。

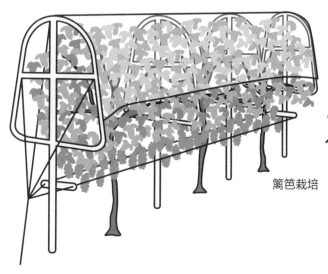

篱笆栽培

棚架栽培

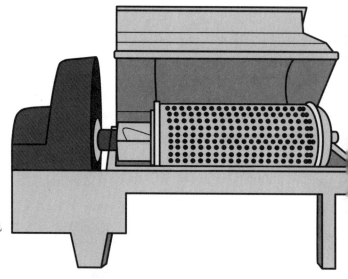

葡萄酒酿造 1 分开葡萄果粒和果梗

将采摘的葡萄酿成葡萄酒的第一步是将葡萄果粒分离出来。通过除梗机去梗，只留下果粒。

除梗机

压榨机

葡萄酒酿造 2 压榨葡萄果粒

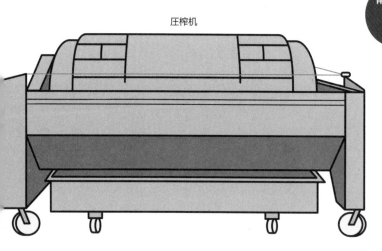

如果是白葡萄酒则使用压榨机，利用空气压力将葡萄果粒压碎，榨出果汁。酿酒厂使用的压榨机一次可压榨约2吨的葡萄。大概需要2个小时就能完成榨汁，最后只剩下果皮和种子。如果是红酒，则不需要使用压榨机，将水果直接压碎，带果皮和果核一起放入罐中进行发酵，然后再除去果皮和果核。例外的只有"甲州酿造"，虽然它是一种白葡萄酒，但采用红葡萄酒的酿造方法，将果皮和果核一起放在罐中发酵再分离出来。

葡萄酒酿造 3 发酵

如果酿造白葡萄酒，则将果汁放入罐中发酵；如果酿造红葡萄酒，则将果皮、果核和果汁一起放入罐中，然后加入酵母发酵。白葡萄酒的发酵时间取决于发酵温度，但一般在1～2周内完成发酵，酒精比例为12%。发酵容器是不锈钢材质，因为是小型酿造厂，所以只使用3200升容量的容器。

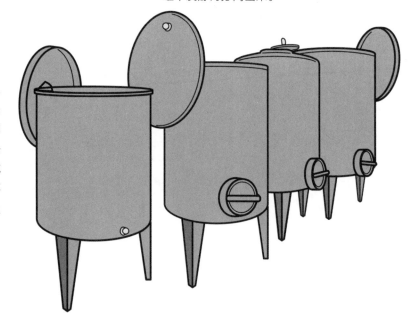

在售卖处试饮葡萄酒

在工厂的售卖处可以购买食用葡萄和丸三葡萄酒，葡萄酒还可以试饮。品种有"甲州百"（白色）、"葡萄A百"（红色）、"梅洛&味而多"（红色）、"霞多丽"（白色）、"若尾果树园"（颜色因年份而异）和"甲州酿"（白色）等。

推荐① 甲州酿

"甲州酿"也可以理解为用甲州种植的葡萄酿造的"百色葡萄酒"，但对于这种常规的跟随葡萄酒命名趋势的解释若尾先生感到束缚太多，不能接受。叫作"甲州百"的葡萄酒因为制作时使用强烈的压榨力，所以带有葡萄皮的味道，据说"甲州酿"是一种在"甲州百"基础上自然延展出来的葡萄酒。

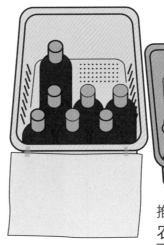

推荐③ 农家自饮的葡萄酒

在工厂的售卖处，跟食用葡萄摆在一起的珍贵葡萄酒是"当地农家自饮的白葡萄酒"。 丸三葡萄酒厂的工作是将附近农民带来的葡萄酿成葡萄酒，然后返还给农民。这是一种本地葡萄酒，据说都是各个农家自饮的，或用于各种节庆活动，当然不会流通到外地。虽然可以在工厂的售卖处买到，但不管怎样，如果你不到胜沼来，是绝对喝不到它的。对于拥有悠久葡萄栽培和葡萄酒酿酒历史文化的胜沼来说，这里的风俗真的非常有趣。

推荐② 若尾果树园

用当年收获的各种食用葡萄制成的葡萄酒。这是集葡萄种植、观光采摘农场和酿酒厂为一体的若尾果树园才有的特色酒。这款酒使用的是"多余枝叶"的葡萄，以前曾被日本人专门用来做果酱，但由于想法的创新，诞生了美妙的葡萄酒。

泰国的小型鱼露酿造厂

我参观了位于北碧府的一家小型鱼露酿造厂，这家厂距泰国首都曼谷约2小时车程，它生产的Laokwan（老王·南谱勒）品牌鱼露符合泰国政府倡导的"以高品质的特产为中心，打造一村一品"运动的OTOP生产标准。

酿造厂长原是渔民

这家酿造厂的厂长查隆曾经是一名渔民，现在他在从事渔业的同时还兼顾制作鱼露。据说，他一个人几乎就能完成整个生产过程。

酿造厂所在地

在周围环绕着甘蔗和木薯种植地的偏僻乡村，有一间木制平房，就是这一家小而朴实的酿造厂。

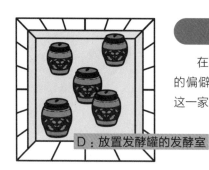

D：放置发酵罐的发酵室

鱼露酿造1　原料是淡水鱼

酿造鱼露的原料是在附近水域捕获的两种淡水鱼。这里的鱼露的酿造时期是每年的11～12月份，此时可以捕获大量的鱼。鱼为2～3厘米的小鱼。首先，如右图所示在A处的洗鱼槽里把鱼洗干净，然后在B处的塑料大棚里把鱼晾干。

爪哇四须鲃
拉丁学名：Barbonymus Gonionotus

暹罗单吻鱼
拉丁学名：Henicorhynchus Siamensis

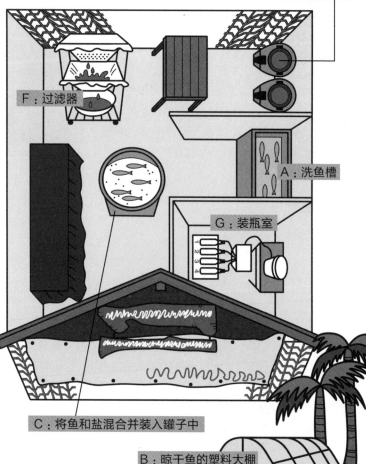

E：加热用的炉灶

F：过滤器

A：洗鱼槽

G：装瓶室

C：将鱼和盐混合并装入罐子中

B：晾干鱼的塑料大棚

鱼露酿造 2 用盐腌鱼

在（上一页）插图C处的装瓶室，将鱼与约为鱼的重量20%的盐混合后装进罐子中。整条鱼直接制作，无需切割。据说，一个罐子可以装约100千克的鱼。

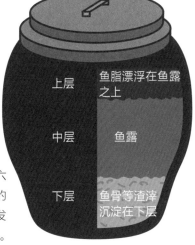

罐子内部分为三层

上层	鱼脂漂浮在鱼露之上
中层	鱼露
下层	鱼骨等渣滓沉淀在下层

鱼露酿造 3 在罐子里发酵

将装满咸鱼的罐子转移到光线充足的D处的发酵室里发酵。六个月后，将其打开并搅拌均匀。再过两个月，所有材料会在罐子的内部分为三层（如右图所示），此时用软管将中层的鱼露抽出。在发酵过程中，为了不让昆虫进入罐子里，会使用泰国香草来驱除昆虫。

鱼露酿造 4 加热过滤

将糖加到抽出的鱼露中，并在E处的炉灶上加热。加热是为了杀死微生物并使之停止发酵。一周后，除去沉淀物，并用F处所示的过滤器过滤几次。

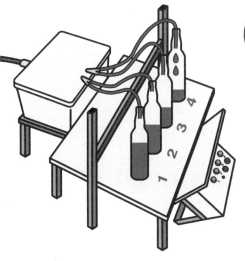

鱼露酿造 5 装瓶

在G处的装瓶室里装瓶过滤好的鱼露。做法是使用一台简易的电动装瓶机再次进行过滤后装瓶。查隆先生现场演示了如何贴标签。这是不折不扣的手工制品。

在酿造厂购买的鱼露，一瓶700毫升，价值60泰铢，一年的出货量约为5000瓶。查隆说："以前，一个客人想购买一万瓶，但我们一次无法制作那么多，于是我就拒绝了。"

完成！

遇见俄罗斯的发酵工艺人

俄罗斯也是传统的发酵大国，但是与日本及其周边亚洲国家有着不同的发酵文化。俄罗斯会将他们具有代表性的发酵食品在城市的中央广场集市和周末集市上进行售卖。

乳制品专卖店

俄式酸奶油对于俄罗斯人来说是一种必不可少的发酵食品，他们可以用它来搭配罗宋汤和饺子。由于它是中温发酵（温度为12～37℃），因此在寒冷地区也很容易制造。当我去中国市场的一家乳制品专卖店时，老板娘告诉了我将牛奶发酵成俄式酸奶，将其加工成发酵黄油的方法。它也可以作为酸凝乳的发酵剂。

酸凝乳

酸凝乳是经过加热并稍稍烤焦的发酵乳，酸度适中，口感浓郁。在俄罗斯作为健康饮品广受欢迎。

专卖店里摆放着酸奶油、黄油、奶酪等多种多样的发酵乳制品，全部都可以试吃，现场还可以喝发酵饮料或牛奶。

格瓦斯摊

自10世纪以来在俄罗斯就有了关于格瓦斯的记载，它是通过黑麦、麦芽或者黑面包发酵制成的一种传统发酵饮料。周末集市上会出售各种各样的格瓦斯，这些格瓦斯摊主以手工制作为特色来吸引客人。

咸菜摊

除黄瓜泡菜"Agrezzi"外，还有泡番茄和泡白菜等多种类型的盐水泡菜，全都可以试吃。由乳酸发酵带来适度的酸味，非常美味。盐水泡菜可以说是醋制泡菜的原型，在俄罗斯等东欧国家非常盛行。

泡菜的种类也很多，也许是因为它靠近朝鲜边境的原因。售卖的不仅有韩国人，还有俄罗斯人。

生啤摊

俄罗斯周末集市上的生啤摊，会将当地产的生啤在摊位上直接打包在塑料瓶里出售，有20多种口味，打包机上有可以固定瓶口的特殊水龙头。在俄罗斯的超市中也有这种销售方式。

Chapter
5

一起制作发酵食品和
发酵料理吧！

制作发酵食品通常被认为是专业酿造师的一项特殊技术，
但在家中也可以简单制作很多发酵食品。

甜酒酵母面包

说到"烘烤天然酵母面包"，感觉门槛很高，但是如果可以制作甜酒，那么就能够用制作甜酒产生的酒糟来制作面包。未加热的浊酒酒糟以及鲜榨的发酵菌活跃的酒糟都可以制作酒糟酵母。制作甜酒酵母面包非常简单，只要有密闭的容器和烤箱就可以进行，所以请一定挑战一下。制作发酵面包也是一种乐趣。当扁平的面团由于发酵而膨胀时，我们会发现它鼓鼓的样子非常可爱。即使面团在初次发酵中膨胀过度或没有膨胀，也请不要失望，先尝试将其烘烤，一样能尝到美味的面包。

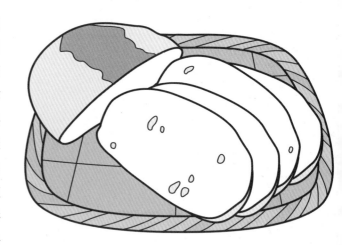

甜酒酵母面包的制作方法

【材料】　A.（强力面粉…200克　B.（甜酒酵母溶液（制作方法请看下一页）…130克
　　　　　　盐…1/2小勺（3克）　　　蜂蜜…1小勺（7克）

1 用少量的甜酒酵母溶液将材料B中的蜂蜜抹开，然后加入剩余的甜酒酵母溶液并充分混合。

2 将材料A的全部原料放入容量约1升的大型密闭容器中，盖上盖子，并摇匀。打开盖子，加入第1步制得的混合物，并进一步摇匀。

3 等待一段时间，待面团变蓬松时，用手刮下盖子和侧面附着的面团，然后用拳头按压揉捏，以使残留在容器底部的粉末也和面团混合均匀。

4 整理好面团后，盖上盖子，但不要盖紧，并放在温暖的地方。如果室温约在20℃，面团将在约4小时内膨胀为2.5倍左右。

■ 甜酒酵母溶液的制作方法 ■

【材料】 甜酒

或未加热的浊酒酒糟… 50 克

水… 100 克

1） 将材料放入干净的罐子中并充分混合。盖上盖子，选择温暖的地方常温保存。

2） 每天打开盖子一次，然后合上并轻轻摇匀。

3） 夏天需要等待2～3天，冬天的话则需要一个星期，等到甜酒中的颗粒物浮起来并冒了一点儿气泡，即可放入冰箱冷藏。

酸奶奶油芝士酱的制作方法

在甜酒酵母面包上涂上奶油芝士，然后搭配德国酸菜食用，非常美味。配上的鹰嘴豆和酸奶油酱也不错。搭配下面介绍的酸奶奶油芝士酱也非常适合。若是将50克煮熟的鹰嘴豆捣碎，混在一起吃也很美味。

【材料】

奶油芝士… 36 克

酸奶… 1～2 大勺

1. 将奶油芝士放入耐热容器中，用微波炉加热10秒钟。如果加热过度，奶油芝士可能会爆开，因此在听到"滋滋"声时请立即停止加热。

2. 将软化的奶油芝士充分搅拌的同时，一点点地添加酸奶。请注意，一次性全部加入的话，两者会融合不了！喜欢偏硬口感的话，添加1大勺酸奶；喜好偏软口感的话，添加2大勺酸奶。最后装入容器中，放进冰箱冷藏。

5） 用拳头按压膨胀的面团，以排出气体。从容器中取出面团，揉成球形，放在烤箱的烤盘上。用手将面团压平。

6） 电烤箱预热1分钟，放入步骤5得到的扁平状面饼，静置30～40分钟，直至膨胀至原先的两倍大。如果天气冷，则在中途再加热30秒至1分钟。

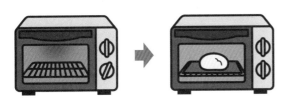

7） 将面饼取出，再次将烤箱预热3分钟，再在其中放入步骤6得到的面坯，并放置3分钟。

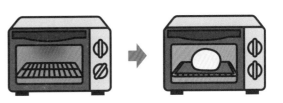

8） 将烤箱设定为10分钟，开始烘烤。等表皮呈红褐色后，请用铝箔纸覆盖，以免烤焦。烤熟后，将面包放在平盘上冷却，然后切成易于食用的小块。

酸奶油

酸奶油是鲜奶油经乳酸发酵而成的奶油，具有爽口的酸味和浓郁的奶油味，可以用来做土豆泥沙拉或蘸食烘烤三文鱼，或搭配典型的俄罗斯菜"奶油里脊丝"，或与鳕鱼子混合后涂在饼干、薯条上也很美味。制作酸奶油，只要注意保温，就可以轻松地用鲜奶油和酸奶制成，非常简单。

牛奶和发酵食品

以鲜牛奶为原料的发酵食品有很多种。比如：在牛奶中添加乳酸菌，发酵后就成了酸奶；加入凝乳酶（一种能使牛奶蛋白变硬的酶），去除水分，经过发酵后就成了奶酪。鲜奶油虽然不是发酵食品，但它是从鲜牛奶中提取的脂肪，而黄油是通过搅拌鲜奶油去除水分制成的。此外，将酸奶添加到鲜奶油中发酵，会形成酸奶油。通过搅拌酸奶油，去除水分我们可以获得发酵黄油。如此看来，牛奶可真是宝物呀！

酸奶油的制作方法

【材料】 含35%乳脂的鲜奶油… 200毫升
酸奶… 2大勺（30克）

1） 将鲜奶油倒入锅中，加热至36～40℃，或者打开纸盒的盖子，用微波炉定温加热，然后加入酸奶并搅拌均匀。

2） 用纸巾或布封口，将其包裹在毛巾中，放在温暖的地方，或使用一次性暖宝宝将其在36～40℃的温度下保温12～15个小时。还可以用制曲的发泡聚苯乙烯箱和装有热水的塑料瓶来保温。

3） 等待硬度变得跟酸奶差不多，味道略微变酸后即可放入冰箱冷藏。

发酵黄油的制作方法

用手动搅拌器将充分冷却的酸奶油搅拌约10分钟，使黄油粒和水分离。再用厨房用纸过滤，制成发酵黄油。过滤出来的水叫作黄油牛奶，可用来代替牛奶制造糖果。

鹰嘴豆和酸奶油酱

1. 将100克煮熟的鹰嘴豆（罐装或袋装）放入拉链式保鲜袋中，并用手按压。或者用研钵将其研碎，也可以将所有材料放入搅拌机中进行粉碎。

2. 在步骤1磨好的材料里面加入50克酸奶油和1大勺盐曲，搅拌均匀即成。可以涂在面包或薄脆饼干上食用，非常美味。

西式咸菜

西式咸菜跟德国酸菜一样，算是欧洲的泡菜。它有两种类型，一种是在用醋、葡萄酒、盐、糖和香料制成的腌汁中浸泡而成的，另一种是通过发酵变酸而成的。与日本的咸菜相比，西式咸菜的酸味更浓，经常用来搭配肉、奶酪和面包等欧洲风味美食。如果在外就餐经历长时间的等待人感到疲倦的话，吃一口乳酸发酵的食物，温和爽快的酸味会渗透到身体中，治愈疲劳。

说到典型的欧洲泡菜，就是用黄瓜做的"莳萝泡菜"。使用的是不同于日本黄瓜的"胡瓜型黄瓜"或者"小黄瓜"。

"莳萝泡菜"的制作方法

【材料】　含35%乳脂的鲜奶油… 200毫升
　　　　　酸奶… 2大勺（30克）

A. ⎧ 水… 300克（与黄瓜重量相同）
　　⎨ 盐… 18克（水重量的6%）
　　⎩ 醋… 1/2大勺

B. ⎧ 胡椒颗粒… 1克
　　⎪ 月桂叶… 1片
　　⎨ 蒜瓣… 1瓣
　　⎪ 小黄瓜… 3根
　　⎩ 莳萝叶… 适量

1） 将材料A中的原料混合均匀，直到盐溶解。

2） 将洗净的黄瓜、切碎的莳萝叶和B中的材料放入拉链式保鲜袋中，然后倒入步骤1的盐水。

3） 将空气挤出，封闭保鲜袋口，在常温下存放一周。偶尔打开，搅拌混合以确保液体均匀地包裹住黄瓜。等到汁液略微混浊、味道变酸时，即可食用。将小黄瓜带汤汁一起存放在冰箱中，并尽快食用。

莳萝泡菜的食用方法

▷ 酸味温和，可以直接当作小吃食用。

▷ 切成薄片，跟香肠或火腿一起夹在面包中食用。

▷ 切碎后，与用叉子捣碎的煮鸡蛋和蛋黄酱混合做成三明治的馅料。或添加到鞑靼芝士里，或土豆沙拉里都很美味。

▷ 向剩余的咸菜汤汁中加入少许盐，放入煮鸡蛋浸泡，在冰箱里冷藏一周左右，可以制成咸鸡蛋。

德国酸菜

在德国餐厅点香肠时，会同时配上德国酸菜。德国酸菜看起来像醋腌的泡菜，实际上它是仅用盐进行乳酸发酵制成的。德国酸菜以德国为中心，在整个欧洲地区都很受欢迎。有种说法是，在中国发现了它，并将其带回了欧洲。此处为大家介绍的酸菜，味道比较酸，但跟醋的酸味不同，这是一种清爽且让人上瘾的酸味。

德国酸菜的制作方法

【材料】

圆白菜… 1/2 个（600克）
盐… 1 ~ 2小勺（圆白菜重量的1.3% ~ 2%）

1 将圆白菜外面一层叶子用水洗净，放置待用。切掉菜心，将圆白菜切成2 ~ 5毫米宽的丝。

2 将圆白菜丝和盐放入盆中，粗略混合，然后用手充分揉搓，直至析出水分。

3 当圆白菜丝缩水变小且有汁液流出时，将它整个儿放在干净的容器*1中，同时用手按压（也可以用擀面杖等压），以防止空气进入。如果水分含量太少，则加入2%的盐水*2，以防止圆白菜与空气接触。

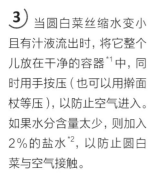

4 将洗好的外层叶子*3盖在圆白菜丝上。注意，如果可以紧紧地盖住，则不需要压重石；如果不能，则压上可以放进容器的石头*4。

5 等到出现气泡*5、圆白菜丝颜色变黄时，先尝一下，达到适口的酸度时，便可放入冰箱冷藏。这样可以保存1个月左右。

*1　最好选择细菌不易繁殖的玻璃容器或搪瓷容器。如果是密封瓶，请去掉金属配件和橡胶包装，盖上玻璃盖即可。
*2　100毫升水兑2克盐。
*3　附着在外层叶子上的乳酸菌有助于发酵。
*4　在小盘子上放塑料瓶，将水灌入小瓶中，以代替重石。
*5　冬天的气泡不多。

德国酸菜的食用方法

搭配肉类料理、香肠、土豆沙拉、玉子烧、番茄意大利面等，都很美味。

将酸菜和奶酪片（或蛋黄酱）放在面包上一起烤着吃。如果有的话，还可以在上面放一些咸牛肉粒或火腿粒。

依照个人喜好，可以适量添加香菜籽、小茴香籽、月桂叶、红辣椒碎、大蒜碎等。

如果用紫甘蓝作为原料的话，颜色会很漂亮，并且紫甘蓝所含的花青素将有助于提高肝功能，并改善眼疲劳。

如果将鱼肉或其他红肉放入酸菜汁中，放入冰箱浸泡30分钟至一晚，然后再烘烤，不仅没有腥味，还会带有清爽的味道。

将煮熟的鸡蛋放入酸菜汁，放到冰箱里浸泡冷藏3天至一周，便可制成咸蛋。

香肠、酸菜、芥末酱，再配上德国啤酒就更完美了。

可以放入拉链式保鲜袋中保存，将空气挤压出，封闭保鲜袋口。

第二次制作时，适量添加酸菜汁，可以加速发酵。

德国人早餐常吃加有酸菜和奶酪片的面包。

德国酸菜的好处

圆白菜富含膳食纤维和多种维生素。发酵后的圆白菜，具有改善肠胃功能，并能起到延缓衰老的作用。除了含有保持皮肤美白亮丽所需的维生素C外，所含的维生素B还可以控制中性脂肪，增加能量代谢，达到瘦身效果，并具有增加自然杀伤细胞（即免疫细胞）数量的作用。此外，德国酸菜还含有能够降解酒精的酶，所以对喜好喝酒的人也有益处。通过发酵得到的德国酸菜，乳酸菌数量增加，据说比生圆白菜对身体更好。

水泡菜

当在韩国美食类图书中读到水泡菜的原料里有淘米水时，我感到很惊讶。我认为那是应该丢掉的垃圾，可那里面却恰恰含有附着在蔬菜上的乳酸菌发酵的对象——米糠。在寒冷的朝鲜半岛，用萝卜和大白菜制作大量的水泡菜以作物资匮乏的备用食物，据说可以补充维生素和乳酸菌。在夏季，发酵速度快，味道容易变得特别酸，因此建议一点一点地腌制各种蔬菜。水泡菜汁含有比日本米糠泡菜和普通辣白菜更多的植物性乳酸菌，因此也可以跟泡菜一起食用，或者用作冷面和挂面的汤汁。据说还可以用于炒菜来提味。

可以在水泡菜中添加自己喜欢的东西，比如萝卜、大白菜、胡萝卜、黄瓜、秋葵等。另外推荐将苹果或梨切块，跟蔬菜一起加入水泡菜中，因为水果中的糖分也会促进乳酸菌发酵，泡菜汁会变得更美味。还可依照个人喜好添加海带或红辣椒。

水泡菜的制作方法

【材料】　大白菜…约3片
　　　　　胡萝卜…1/2根
　　　　　苹果…1/4个
　　　　　淘米水…500毫升

A.　生姜（切片）…1片
　　大蒜瓣…1/2～1瓣
　　盐…2小勺
　　糖…1/2小勺

1) 准备淘米水。第一次淘米，粗略搅拌并把水倒掉。第二次淘米，加入600毫升水并充分磨洗，以制成稍浓的淘米水，然后取500毫升保存。

2) 将淘米水和A中的原料放入锅中，用中火加热，沸腾后关火。等待其慢慢冷却至40℃左右。

3) 将大白菜切成适口大小，然后将苹果和胡萝卜切成块。

4) 将步骤3中的原料放入1000毫升左右的容器中，倒入步骤2的材料，封上一层保鲜膜，然后轻轻盖上盖子。将其在室温下放置半天至一天，使汁水充分渗入，然后存储在冰箱冷藏室中（冬天可以常温保存）。静置约3天，打开小尝一口，味道变酸后即可食用。夏季请在两个星期内吃完，其他季节请在一个月内吃完。

老坛酸菜

老坛酸菜产自中国四川省。据说是将辣椒和八角等香料，加上用酒、盐制成的腌渍汁倒入未上釉的坛子里腌制而成。然后每个季节都用这个坛子腌渍酸菜。据说浓香的老坛酸菜汁是世代相传的，就像日本的米糠酱菜一样。它虽然看起来很像泡菜，但不像泡菜那样咸，并且酸味浓郁。酸菜有各种各样的食用方法，例如跟猪肉一起炒或用酸菜汁煮菜，都值得尝试。

简易版的老坛酸菜制作

【材料】　大白菜… 1/4棵（500克）　　盐… 10 ~ 15克　　水…约500毫升

1 白菜洗净，沥干。在白菜根附近撒上盐，放进拉链式保鲜袋中，压出空气，切面朝上，以使盐溶进叶片内。在室温下放置1天，以增加乳酸菌。

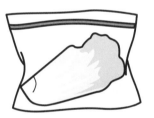

2 将大白菜装在尽可能靠近袋子底部的位置，加足量的水以防止其接触空气。排出空气，封闭保鲜袋口。随着酸味的逐渐增加，汁液可能会漏出来，因此最好将其放在密闭的容器中。

3 冬季制作，汁液将在2 ~ 3周内变浑浊，待白菜的叶子变黄、味道变酸后即可食用。过程中要多次确保大白菜没有暴露在空气中。一旦出油就说明制作失败。

 老坛酸菜的食用方法

▷ 直接吃。

▷ 可以搭配烤咸猪肉食用，还可以与咸猪肉、豆豉一起炒。

▷ 将老坛酸菜与猪肉（或咸猪肉）、豆腐、姜丝、切碎的豆豉以及其他喜欢的蔬菜、蘑菇等一起放入酸菜汁中煮着吃。

▷ 跟香肠、蔬菜、香草和大蒜一起煮，做成浓汤。

味噌

说到手工味噌，大家都认为制作起来很有难度，但其实不管用哪种方法，不管用哪种豆类，都可以简单地制出可口的味噌。此处，为大家介绍一种利用市售的煮熟的大豆轻松制作味噌的简单方法。虽然无法与味噌大师制作的味噌相媲美，但是绝对可以感受到"我自己也可以做味噌！"的兴奋。

味噌的简单制作方法

【材料】 水煮大豆（不加盐）… 250克
米曲… 100克　　盐… 50克
煮大豆的汤… 1 ~ 2大勺

1 将水煮大豆放入锅中，加入适量的水（200毫升左右，以刚刚没过大豆为宜），以中火加热。煮沸后，调至小火，再煮5 ~ 10分钟，待大豆变软至很容易用手指捏碎的程度（水烧干了就再添加热水）。用漏网过滤，分离汤和大豆。汤备用。

2 如果是块状的米曲，请用手捏碎并与盐充分混合。

3 将步骤1得到的大豆放入拉链式保鲜袋中，用擀面杖或空罐子将其压碎。

4 将步骤3的材料置于热水中，温度保持60℃以下，添加步骤2的曲，并用手揉搓约5分钟。

5 加入1 ~ 2大勺的煮好的汤，然后再用手揉5分钟。

6 如果接触空气的话，容易滋生霉菌，所以为防止空气进入，将步骤5的食材压平（使用擀面杖很方便），并封闭保鲜袋口。写下日期，保存在避免阳光直射的地方，偶尔搅动一下。夏季可食用2 ~ 3个月，冬季则可食用3 ~ 4个月。

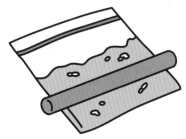

红豆味噌的制作方法

　　味噌可以用各种豆类制作，例如黑大豆、鹰嘴豆和白扁豆等。不管使用哪种豆类，都会制作出具有特色风味的味噌。如果选用红豆做原料，不仅可以保留红豆本身的味道，还具有保暖去风寒的作用。由于红豆含有大量的铁元素，因此还具有补血、解毒、利尿和消除肿胀的作用。混合了红豆味噌和蛋黄酱制成的蘸料，非常适合搭配水煮蔬菜和蔬菜沙拉。

【材料】　红豆…200克　　米曲…200克
　　　　　盐…90克　　　　红豆汤…50毫升

1) 将红豆洗净倒入锅中，向锅中加600～800毫升的水，以中火加热。煮沸后，调至小火慢煮40分钟～1小时（使用高压锅需要煮制10～15分钟），直至红豆变软，用手指可以轻易压碎的程度（期间水烧干了就添加热水）。也可以连同红豆汤一起放入热水保温壶，放置一晚，使其变软。然后用漏网等过滤，分离出汤和红豆。注意，煮红豆的汤留用。

2) 如果用的是块状的米曲，请用手捏碎，并与盐充分混合。

3) 将步骤1得到的食材放入拉链式保鲜袋中，用擀面杖或空罐子将其压碎，或者不烫的情况下，用手揉碎。残留一些粗颗粒也没关系。

4) 将步骤3得到的食材用隔水加热法加热（温度保持60℃以下），取出后添加步骤2的盐切曲，用手揉搓约5分钟。

5) 加入50毫升的煮红豆的汤，再用手揉5分钟。

6) 如果接触空气，容易滋生霉菌，因此为了防止空气的进入，需要将步骤5得到的食材压平（使用擀面杖即可）。这个过程有点困难，因为红豆不像大豆那样有粘性。如果能一点一点地压平，就可以很好地排出空气。这之后封闭保鲜袋口，写下日期等，保存在避免阳光直射的地方，偶尔搅动一下。夏季可食用2～3个月，冬季则可食用3～4个月。

▶ 存放时的注意事项 ▶

▷ 当温度升高时，发酵会加剧进行并产生气体，从而导致袋子膨胀。如果接触空气，材料会发霉，因此请不时检查，如果袋子充气了，就将空气抽出。

▷ 已经充分变软的水煮大豆可以在沥干后直接使用。由于红豆汤含有多种营养物质，可以将多余的汤汁用于制作味噌汤。

梅味噌

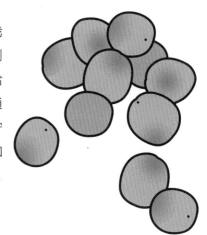

　　每年的六月至七月，当梅子开始出现在蔬菜水果商店时，我就很兴奋地想："一年就这一次，我必须制作点什么！"但是，制作梅干很难，而梅酒又太简单。因此，制作难度适中的梅味噌就恰到好处。梅味噌的保存时间长，酸甜可口，令人垂涎，大家可以通过梅味噌品尝到不同于谷物醋和柑橘醋的梅子酸味。梅子含有柠檬酸等多种有机酸，可有效缓解疲劳。并且梅子因为富含矿物质和钙，还可改善血液循环，并具有抗衰老等积极作用。制成的梅味噌，还可用于各种菜肴的制作。

梅味噌的食用方法

▷ 可以用来蘸黄瓜、萝卜等吃，还可以将梅味噌和蛋黄酱按 1∶1 的比例混合成新的蘸酱。
▷ 涂在烤鱼和烤肉上食用。
▷ 将蒸好的鸡撕成薄片，与梅味噌混合，再加入圆白菜丝拌成沙拉食用。
▷ 将煮好的菠菜或小松菜，与梅味噌、芝麻泥混合，制成凉拌菜。
▷ 与大葱放在一起，搭配炸油豆腐、烤茄子、凉豆腐等一起食用。
▷ 在鸡汤里放入梅味噌，制成梅味噌汤，再加入乌冬面或荞麦面食用。
▷ 用梅味噌制作冷面。

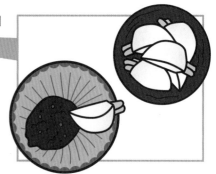

梅味噌面的制作方法

【材料】（1人份）　　挂面或荞麦面（适量）　黄瓜 1/2 根　紫苏叶…3～4 枚
A. 梅味噌…3 大勺（约 40 克）　芝麻油…1/2 大勺（约 6 克）

1) 煮熟挂面（或荞麦面）。用小打泡器等工具充分搅打 A 中的材料。将黄瓜和紫苏切成丝。

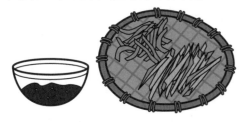

2) 挂面过水，沥干水，加入黄瓜丝、紫苏丝和搅打好的材料即可。吃的时候把所有食材都搅拌均匀。

梅味噌的制作方法

【材料】 熟透的梅子（青梅也可以）… 500克
味噌… 500克
白糖（红糖、姜糖也可以）… 300～500克

1) 梅子去蒂并洗净，将蒂朝下放在笸箩上，晾2～3小时。

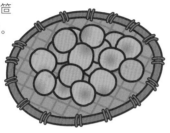

2) 混合味噌和白糖。按照一层味噌一层梅子的顺序，将食材交替放入干净的密封罐中。因为要持续发酵，所以盖子不要盖太紧，并偶尔打开搅拌一下。

3) 在常温下放置1～2周后，如果观察到整体变成黏糊状，并且开始冒泡之后，取出梅子。

4) 将梅肉和梅核分开，并切碎梅肉（或用食品加工器压碎），然后放回容器中。

5) 放入冰箱冷藏3～6个月。如要长期保存，则放入除铝质锅之外的其他锅中，煮至与原来的味噌一样的硬度，然后冷却。放入冰箱冷藏大约可以保存一年。

★如果将多余的梅核浸入酱油中，则可成为梅味噌风味的酱油。

碎梅器

小提示

不爱吃甜的人可以减少白糖的使用量。
如果有可以取梅核的工具，最好一开始就取出梅核，再用食物处理器将梅肉压碎后进行腌制。据说将多余的梅核浸泡在醋中，醋将变得非常美味。

甜酒

我经常被问到这样的问题："普通人自己如何在家中制作甜酒？"，但是每次我都不知道如何回答。因为通常只要"将稀饭和米曲混合起来保温即可"，但说起来简单，可真实操起来这种"保温"却是很麻烦的。但是，如果能够做到有效地保温，就可以轻松在家中制作出美味又健康的甜酒了。有了甜酒，就可以尝试做出其他各种美味。因此请一定要找到属于自己的"保温法"再去制作。

甜酒的制作方法

【材料】 米曲（如果是块状，请捏开）… 200克
大米… 1碗（150克）/煮熟的米饭… 1碗（约330克）
水…（使用白米）500毫升/（使用米饭）300毫升

将大米或米饭加水后倒入锅中煮成稀饭。稀饭煮好后冷却至60℃，加入米曲并搅拌均匀。在60℃的条件下放置8小时。

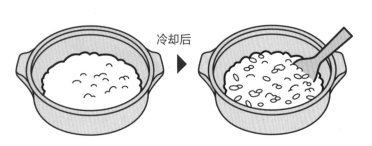

冷却后

甜酒制作完成后放入冰箱冷藏，但是发酵会在冰箱中继续进行。随着时间的流逝，会带有乳酸菌的酸味。它的味道像甜酸奶，很可口，不喜欢这种味道的人，可以将未使用的部分存放在冷冻柜中。即使放入冷冻柜中，它也不会变得太硬，因此可以像冰激凌一样食用。或者，将其加热到60℃以上，使之停止发酵。不管怎样，做好之后，请尽快食用。

★还可以用300毫升水煮1碗大米，再加入200毫升水使之冷却，沥干水后加入米曲。

用各种材料制作甜酒

米曲甜酒

将100克米曲和240毫升的60℃热水混合，并采用基本甜酒的保温方式进行保温。米曲甜酒具有淡淡的甜味，冰镇后会更美味。

年糕甜酒

将年糕放入相同重量的水中，浸泡一晚后沥干水，切成小块，再带着泡年糕的水一起放入锅中煮至变稠。一般情况下，取两块方形年糕（约100克）加入100毫升水，再加入60克米曲，用与制作基本甜酒相同的方式制成年糕甜酒。

甜酒的各种保温方法

以下列举了甜酒的各种保温方法。需要注意的是在冬天，温度可能会降低，因此应将甜酒移至锅中重新加热，同时注意温度不要升至60℃以上。

"模拟保温"

▷ 将甜酒放在砂锅等具有高保温性的容器中，在砂锅的上面或下面放一个热水袋或一次性保温贴，再用毯子、浴巾把砂锅包起来，或放入茶壶保温套中。

▷ 用浴巾或毯子包裹起来，放入被子中进行保温。

▷ 放入有盖子的保温箱中，在装热饮的塑料瓶里倒入70℃的热水来保温。

▷ 如果有大一些的保温壶（或热水瓶）和保温锅，倒入热水加热内部后，再放入甜酒。尽可能多地在容器中放入甜酒，将延缓温度下降。由于发酵会继续进行，因此不要盖紧盖子。

高科技保温

▷ 将甜酒放入电饭锅的内胆中，盖上块布，放上筷子以免盖子合上，保温8～10小时。如果可以将温度设置为50～60℃，则可以盖上盖子保温。否则要打开盖子。

▷ 如果经常做甜酒，可以入手一个带有温奶器的酸奶机。只需设置时间和温度即可完成，操作起来非常简单。

糯米甜酒

用煮熟的糯米代替米饭制成。它比普通的甜酒更甜。减少水分，使其变硬（注意缩短保温时间），加入韩国辣椒和盐并混合，在表面贴上保鲜膜，以防止其与空气接触，熟成1周后就成了甜酒辣椒酱。可以直接食用，也可以添加味噌、酱油、油、蛋黄酱等食用。

糙米甜酒

用煮熟的糙米代替米饭制成。它比基本的甜酒更甜。与酸奶混合食用时，糙米的大颗粒口感很有嚼劲。

薏米甜酒的制作方法

将具有美肤功效并富含营养成分的薏米制成甜酒，每天喝上一点儿。这是我从某老字号干燥曲店学到的配方，这家店的董事长每天都喝这种酒，他已经80多岁了，但皮肤依然光滑细腻。不过，如果贪杯喝多了，可能会拉肚子，所以每天控制在30～90毫升最好。薏米可在销售保健食品和中药的药店里买到，中药中称为"薏苡仁"。此处介绍仅用米曲和薏米制成的甜酒，也可以添加大米。放入冰箱冷藏，即使刚做好的时候是甜的，也可能随着时间的流逝而在冰箱中发酵，由此甜味受到抑制，并有轻微的起泡现象，甚至会出现酸味。如果没有奇怪的气味或味道，就说明没问题，否则就要丢掉。

【材料】 米曲（如果是块状，先将其捏开）… 100克
薏米… 50克
水… 500毫升

1） 快速冲洗薏米，将它们放入锅中，加水煮熟。如果使用高压锅，则在上气后煮约10分钟，然后冷却。如果使用普通锅，则在水中浸泡几个小时，然后小火煮30～40分钟，直到其变软。也可以在电饭煲的糙米模式下进行烹饪。

2） 当步骤1的材料冷却至60℃以下时，加入米曲。等米曲变软且蓬松时，用搅拌机将其粉碎。当然也可以直接喝，但因为薏米颗粒大，不好入口，最好将其粉碎。

3） 用甜酒的保温方式保温8小时即可完成发酵。第二次制作时，添加上一次剩余的部分，即使置于室温下也会发酵，因此无须保温。

4） 放入容器中，轻轻地盖上盖子，放入冰箱里冷藏保存。

★发酵后会出现分离层。起初是黏稠而带甜味的，但随着时间的流逝，会变得像酸奶一样酸。

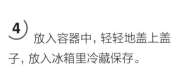

神酒

被誉为神酒的这种酒是在日本当地很流行的一种酸甜可口的乳酸饮料，它喝起来的感觉就像在喝粥一样。它看起来与甜酒很相似，但口感比甜酒更浓稠，酸味更浓。在日本各处的超市里都可以见到纸盒包装出售的神酒，饮用非常方便。在粥里加入生的红薯，做出的神酒利用红薯中含有的消化酶，使淀粉糖化发酵，就是使用这种简单的制作方法，乳酸菌含量会很高，营养价值也会很高。轻断食不吃奶制品时和食欲不振时都可以用神酒来代替米饭。据说神酒有很多种制作方法，也有人不是用粥而是用米粉制作的，当然也可以用麦子、小米等谷物来制作，还有放入麦芽的，还有只使用红薯等材料的。在这里，我要介绍一下被日本人认为是最简单的制作神酒方法。神酒有时候被日本人称为"Miki"，这个名字源自"御味神酒"，据说Miki的原型是口嚼酒。但发展到今天，日本人已经更喜欢称之为神酒了。

神酒的制作方法

【材料】
大米… 300 克
水… 1000 毫升
生地瓜… 1/2 个（约80克）

1） 将淘好的大米和700毫升水放入电饭锅中，煮成粥。

2） 将300毫升水加入步骤1的电饭锅中，并充分混合，冷却至60℃左右。

3） 将红薯磨碎，加到步骤2的食材中，并充分搅拌。盖上盖子，在常温下放置半天到一天。

4） 确认步骤3得到的食材变黏稠之后，用混合器或搅拌器将其粉碎，转移到干净的容器（如塑料瓶）中，轻轻地盖上盖子。

5） 每天轻轻地摇一次，并在常温下放置2～3天。如果表面或侧面出现小气泡，尝一下，味道变酸后即成。如果塑料瓶变得很硬，则表明内部已经发酵并且积聚了气体，因此打开的时候请注意不要让它喷出来。成品可放入冰箱冷藏保存。起初神酒是黏稠而带甜味的，但时间一长就会变成爽口的酸味。

小提示

★步骤3中可以添加白糖、红糖或冰糖。另外，也可以不添加糖，还可以添加自己喜欢的果汁或苏打水。
★还可以将红薯去皮，放入水中浸泡去除涩味，然后磨碎。或者，可以利用白布等将其挤压，仅用挤压出来的汁液也可以完成制作。
★可以在米粉里加入热水，混合制成粥。

柿子醋

柿子的表面有一层白色的粉末，这是一种天然酵母。当柿子所含的糖分在酵母的帮助下进行发酵时，空气中的醋酸菌进入其中，就制成了柿子醋。制作柿子醋的方法有很多种，这里为大家介绍一种非常简单的方法。可以在自家厨房里做醋，想想都会感到开心。

柿子醋可以直接用于烹饪，也可以每天少量饮用，有保持健康的功效。如果将其稀释150倍后喷洒在果树和菜园的蔬菜上，这些农作物的叶子的色泽会变得明亮而鲜艳。柿子醋过滤后的果渣对堆肥也很有用，因此可以说柿子醋全身都是宝。熟成时间越长，柿子醋就越美味，不但气味和味道将变得醇厚，各种有机氨基酸的含量也将增多，并且对人体有益的成分也会增多。

酿柿子醋

【材料】

柿子…适量
无论是生涩的柿子还是熟透的柿子，都可以用来做柿子醋。

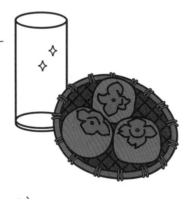

1) 由于柿子含有天然酵母，因此无须清洗。将柿子切成四半，去蒂，并除去坏的部分。装入一个干净的玻璃罐里，用布或薄纸盖住，然后用橡皮筋固定封口。

2) 2~3天后柿子变软，打开后用勺子压碎。

3) 再过3~4天搅拌混合。此时柿子开始发酵产生气泡，散发出一股浓浓的熟透的水果的香味。

柿子醋的使用方法

好不容易制成了柿子醋，一定要用它来烹饪食物。柿子醋口感醇厚酸甜，和盐曲很搭，因此可以制作出简单的咸菜。这种咸菜在做好的第二天就可以食用，但如果等上2～3天，味道会渗透得更好，变得更加美味。

甜椒泡菜

【材料】

甜辣椒（黄色）… 1个　　葡萄干… 25克
柿子醋… 40毫升　　　水… 60毫升
盐曲… 2小勺　　　　月桂叶… 1片
朝天椒… 1根（切成两半，取出种子）

【做法】

1. 将甜辣椒切成两半，除去蒂和籽，切成适合食用的大小。
2. 将步骤1处理好的食材和剩余的所有材料都放入拉链式密封袋中，挤出空气，放入冰箱中冷藏一夜。

4 等待5～6天，观察到出现分层，就再次搅拌混合，味道变得酸甜。

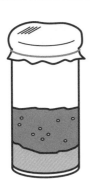

5 大约10天后，酸味会变得很浓，再搅拌一次。如果表面出现了类似白色薄膜的东西，就要去掉。

6 等待1个月左右，打开小尝一下，如果带有醋味，就进行过滤。先用洞大的漏网粗略地过滤一下，再用厨房纸巾等过滤。过滤需要一定的时间，因此请耐心等待。过滤完成后，就得到了味道清爽醇厚的柿子醋。将其装入瓶中，盖好盖子，然后存放在阴凉处。其间有可能会混入细菌。如果用布或纸盖着使其熟成，颜色将从浅黄色变为深黄色，再变为棕色，且味道也会更好。但一定要注意不要让杂菌滋生。

★虽然这里介绍了仅用柿子制作的方法，但还有将柿子和醋混合的制作方法，或将柿子、水和干酵母放在一起进行发酵后添加市售醋的制作方法。步骤1还可以将去蒂的柿子放在塑料袋中，然后用手将柿子捏碎。
★如果出现青霉菌或明显腐烂的气味，就要扔掉了。
★天数、香气和味道是判断的标准。请多看、多闻、多尝以确认是否完成了发酵。

发酵果子露

如果家里有吃不完的水果或蔬菜，以及酸味很重的柑橘类水果、梅子等，不要扔掉，它们还可以用来制成发酵果子露。发酵果子露富含水果和蔬菜的营养成分。如果在日常饮食中能够吃到新鲜的水果和蔬菜就最好了，但忙碌时就没有办法保证了。在这种情况下可以制作发酵果子露，每天喝一点儿。发酵果子露香甜可口，不知不觉地就喝多了，但考虑到卡路里的因素，建议每天饮用60毫升（原液）以下为宜。

■ 适合制作发酵果子露的水果、蔬菜和糖 ■

水果　　　带有酸味并含有大量水分的水果，比如苹果、梨、柑橘等都是可取的。此外，猕猴桃、柿子与带酸味的水果搭配在一起制作的发酵果子露也很美味。梅子当季时，将梅子和紫苏搭配起来制作也是一种选择。市场上还有大量用水分多的柑橘类水果制成的果子露。

蔬菜　　　可以用生姜、萝卜等根茎类蔬菜搭配水分多的黄瓜、番茄和绿叶蔬菜来制作。尽量避免用大蒜、韭菜、牛蒡等气味刺鼻或涩味重的食物。可以用艾草等野草制作，但应彻底清洗后再使用。用蔬菜制作时，和水果搭配更美味。

糖　　　通过与水果和蔬菜混合来吸取水分，建议使用含糖量高且几乎没有杂质的白砂糖。

■ 发酵果子露的饮用方法 ■

▷ 加入4～5倍的水或碳酸溶液稀释后饮用。
▷ 兑着温开水或香草茶饮用。
▷ 与豆浆、牛奶、酸奶等混合后饮用。

发酵果子露的制作方法

【材料】 水果（或蔬菜）… 400 克
白糖… 440 克

1）切好水果和蔬菜备用。切成小块发酵的速度会加快,因此,在发酵较慢的冬天,切得越小越好。连皮一起腌制的情况下,要清洗干净。可以放入果核和果皮来做,但如果想用过滤后的沉渣来做果酱,在这一步去掉果核和果皮会比较方便。将切好的果蔬称出重量,准备比水果或蔬菜多0.1倍的白糖。

2）依照一层白糖一层水果或蔬菜的顺序将食材放入一个干净的广口容器（玻璃、搪瓷等材质都可）里,最上面撒上一层白糖。析出水分后,体积会减小,在上面用力压紧。用布或厨房用纸盖住瓶口,并用橡皮筋固定住。

3）每天打开并用汤匙等搅拌一次。2～3天后,如果搅拌时出现细小的气泡,则表明发酵正在进行中。注意,也有在发酵但不冒泡的情况。

4）放置1～2周,等到白糖化开,食材变软后就制作完成了。用粗孔漏网过滤。此时,请勿强行挤压,要花费一些时间,等待其自然滴落。将过滤后的液体装入干净的瓶子中,放入冰箱冷藏。因为在冰箱中也会进行发酵,因此装七分满即可,盖子也不要盖太紧。

5）过滤后的剩余食材可以直接食用,也可以用刀切碎（或用食品加工机粉碎）制成果酱,或者与酸奶混合食用也不错,与味噌、蛋黄酱混合制成蘸酱也很美味。

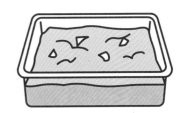

⚠️ **注意事项**

＊如果中途产生难闻的气味或发霉,就不要喝了,直接倒掉就好。

紫苏腌菜

紫苏腌菜是日本京都著名的腌菜之一，是用紫苏、茄子和盐简单地腌渍而成的。厌气性乳酸菌的酸和紫苏自身的独特味道混合在一起，形成了一种无法用语言形容的美味，口感醇厚且富有层次。紫苏最初是有些发黑的深红色，变酸之后，颜色也随之变成鲜红，非常有趣。早前，人们制作紫苏腌菜时，为了不让空气进入腌菜桶，是用重石压着制作的。此处为大家介绍一种更加简便的方法——利用拉链式保险袋腌制紫苏腌菜。我在腌制时不仅放了茄子，还放了黄瓜，这样就可以尝到多种不同口感的腌菜，大家也可以按照个人喜好添加生姜。腌制时需要注意的是，在蔬菜的水分流失之前将空气隔绝在保鲜袋之外，接下来将密封保鲜袋放在阴凉的地方储藏就可以了，非常简单。

紫苏腌菜的制作方法

【材料】 茄子、黄瓜等…共500克
紫苏… 100克
盐… 30克

1） 将紫苏用水洗净，去梗，放入盆中。加入1~2小勺的盐（不包含在材料的30克盐中）充分揉搓至流出汁液，用手挤干水。倒掉汁液，再倒入水清洗，之后用手挤干水分。将紫苏叶铺展开，切成适口的大小。

2） 茄子削皮，切成条状。切的时候，先纵向切成两半，再斜刀切成薄片。用水浸泡10分钟，沥干。用同样的方法处理黄瓜。

3） 按照一层盐一层茄子片和黄瓜片，一层紫苏叶的顺序依次将食材放入拉链式密封保鲜袋里，最上面撒上一层盐。挤出空气后封口。静置一段时间，等到蔬菜的水分流失，变软、变蔫之后，再次打开密封保鲜袋，排出空气。

4） 排出空气后，在常温下放置2周到1个月的时间。待紫苏叶和茄子片的颜色变深、带点儿酸味后即可食用。放入冰箱中冷藏可以保存约一年。

 紫苏腌菜的食用方法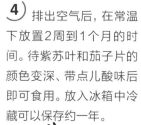

人在夏天容易食欲不振，尤其会想吃酸劲十足的紫苏腌菜。紫苏腌菜经常被用来搭配米饭、粥等。另外，紫苏腌菜饭团、紫苏腌菜炒饭、紫苏腌菜拉面、紫苏腌菜意面、紫苏腌菜玉子烧、紫苏腌菜凉豆腐等都是值得尝试的美味。紫苏腌菜原本就很耐存，放入冰箱冷藏后更是能保存很长的时间，是非常方便的一道小菜。

三升腌菜

日本东北部有一种叫作"三升腌菜"的泡菜。与其说是泡菜，不如说是"香辣可口的蘸料"，其材料和制作方法都很简单。"三升腌菜"，顾名思义，就是将青辣椒、米曲和酱油各取一升放入容器中混合，慢慢熟成半年至一年时间。辣椒的辛辣味、米曲的甜味和熟成后产生的复杂味道，让人欲罢不能。此外，不用拘泥于每种材料都一升的用量原则，不爱吃辣的人可以减少辣椒的量。也可以将等量的去籽、切碎的青辣椒和米曲放入罐子中，再倒入刚好没过食材的酱油，这种方法制作起来十分简单。成品三升腌菜不仅可以用来凉拌豆腐，也可以用来蘸生鱼片吃，或者作为火锅蘸料。三升腌菜加上醋，可以作为吃饺子的蘸料。介意其中有颗粒的人可以用搅拌机将其打碎，或用布将其过滤后只留液体食用。

三升腌菜的制作方法

【材料】 青辣椒或红辣椒… 40克（洗净去籽后重35克）

米曲… 35克（与青辣椒用量相同）

酱油… 35～150毫升（如果不喜欢太咸，只用青辣椒和米曲就行）

1) 青辣椒去蒂，切成圈。

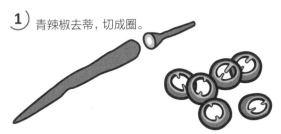

2) 将青辣椒圈、米曲和酱油搅拌均匀后装放入容器中。或者，按照一层辣椒、一层米曲的顺序，交替装入容器中，最后倒入酱油，轻轻地盖上瓶盖。

3) 将食材置于常温下，不时搅拌混合。1～2周后就可以开始食用了，但最好是存放一段时间，时间越长味道会变得越好。

还可以使用红辣椒代替青辣椒。

鲣鱼刺身搭配三升腌菜很美味。

加醋的三升腌菜是很好的饺子蘸料。

苹果苏打水

只需将干酵母添加到100%的苹果汁中便可制成苹果苏打水。苹果苏打水除了含有来自苹果的维生素和苹果酸，酵母还通过分解糖分产生微量的碳酸和酒精，因此喝苹果苏打水的时候可以感受到鲜活的酵母和不停冒泡的天然碳酸。当喝到自己亲手制成的碳酸饮料时，我想你肯定会非常感动。但是，如果发酵过度，酒精含量会上升，酒精度数就会升高，紧接着，苹果苏打水就变成苹果酒，所以请一定要在酒精含量低于1%之前饮用。

制作苹果苏打水的材料和容器

苹果汁

建议使用100%苹果原汁，或者100%的浓缩还原苹果汁。最好用鲜榨苹果汁。

干酵母

干酵母是酵母菌干燥而成的。此处，我将使用易于入手的制面包用的干酵母，还可以用新鲜的苹果皮（1个苹果的分量）代替干酵母放入果汁中，利用附着在苹果皮上的天然酵母，或者加入1勺做面包的甜酒酵母液以及未加热的米酒酒糟来制成。从第二次发酵开始，向积存在底部的活酵母中添加果汁。

容器

由于酵母会产生碳酸，因此最好选择一个底部有支撑点的装碳酸饮料用的塑料瓶。打开盖时，碳酸可能会喷出，因此请准备比果汁容量大一些的塑料瓶（此处使用容量为1升的塑料瓶）。使用前，请认真清洗并用酒精消毒。

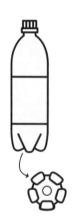

苹果苏打水的各种组合

▶ 水果苏打水

使用100%的橘子汁、葡萄汁和柚子汁等发酵，也可以体验到清爽的口感。尝试用各种100%的果汁制作，然后找到自己喜欢的苏打水。

▶ 苹果酸奶苏打水

将酸奶和苹果汁等量混合发酵，就可以制成温和的苹果酸奶苏打水。它的口感带有乳酸菌的酸味。

苹果酸奶
苏打水

▶ 甜酒苏打水

稀释自制甜酒或发酵市售的甜酒。由于酒糟制成的甜酒含有少量酒精，因此使用的是无酒精的仅用米曲制成的甜酒。将苹果苏打水和甜酒混合在一起也很美味。

▶ 红茶苏打水

在煮沸的红茶中添加大量糖，使其变甜，然后冷却发酵。一种带有少许酸味的红茶苏打水就做好了。

红茶苏打水

苹果苏打水的制作方法

【材料】 100%苹果汁… 500毫升
干酵母… 0.3 ~ 1克

1) 使用漏斗将干酵母和苹果汁倒入装碳酸饮料的空塑料瓶中，盖上盖子，充分摇晃均匀，置于常温下静置。

2) 气泡会在数小时内产生，并不停地进行发酵。打开盖子时，如果听到轻微的"咻"声，说明已变成了碳酸水。记住，在酒精含量超过1%之前饮用。

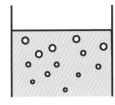

3) 放入冰箱冷藏，并尽快饮用。如果不小心放置得太久，二氧化碳会在瓶子内部大量聚集，瓶子就会变硬。发生这种情况时，请打开盖子放出二氧化碳气体。

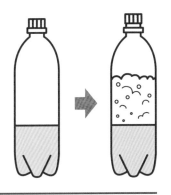

▶ 乳酸饮料苏打水

　　市售的乳酸饮料经发酵而成。乳酸饮料直接喝也很美味，但发酵后就变成了另一种饮料。

▶ 蜂蜜生姜苏打水

　　用蜂蜜腌渍生姜汁，经水稀释并发酵而成。用蜂蜜腌渍生姜时，可依照个人喜欢加入肉桂或丁香等香料，这样会使其味道更多样。

苹果苏打水 ⇨苹果酒 ⇨卡尔瓦多斯酒

　　此处制作了酒精含量不到1%的苏打水。如果继续进行发酵，就会变成酒精度为4% ~ 7%、口感轻淡的"苹果酒"（在日本，酿造1%酒精含量或以上的酒精饮料需要许可证）。苹果酒大约在2000年前就开始出现在人类历史上，据说它诞生于10 ~ 11世纪。在法国的诺曼底地区，有一些苹果园里有小型酿酒厂，每个酿酒厂都能酿造出自己独特的苹果酒。在街角的餐馆，可以用陶制牛奶咖啡杯一样的超大号苹果酒杯爽快地喝苹果酒，还可以喝到添加了糖以提高酒精度的苹果酒和无发泡的苹果酒等。苹果酒经过进一步蒸馏后，放入木桶中熟成，至少存放5年，就成了苹果白兰地。在法国诺曼底地区制造的"卡尔瓦多斯酒"是著名的苹果白兰地。虽然它的酒精含量高达40%，但成熟的苹果香气和浓郁的口感让人欲罢不能。

酵母菌是什么样的菌？

　　酵母菌吸收糖分后会产生酒精和二氧化碳，它们是酿酒时必不可少的。啤酒的泡沫也是酵母菌产生的。酵母的表面覆盖着一层柔软的薄膜，它像芽一样生长，长到一定程度，脱离母体继续生长，这种繁殖的方式称为"芽殖"。在氧气充足的条件下，它可在一个半小时内翻一番，整整两天内数量可达到原来的100亿倍。它特别耐低温，但在40℃以上的高温下就会死亡。酵母菌通常依附在柿子、葡萄、花蜜和树液上，在酿酒厂和味噌酿造厂附近也有许多。稍作发酵后，就会成为对身体非常有益的饮料。

咸猪肉

　　常见的下酒菜，例如风干香肠和意大利熏火腿等也是发酵食品。干香肠是将腌制过的牛肉或猪肉加入盐，和香料混合后灌入肠衣里，干燥1～3个月后制成。这个过程中水分减少且盐浓度增加，通过盐和乳酸菌的作用，使之带有熟成产生的独特风味。熟成时要保存在温度1～2℃，湿度80%的环境下，并且要放在风口处大约存放一个月。肉类加工处理后，收缩的肌肉在增加美味的同时会变得松弛，通过肉中酶的作用，蛋白质被分解，形成美味的食物。另外，随着干燥后水分的流失，肉质变得柔软可口。很多人认为，在家里很难制作出这么精致的食物，但只要在猪肉上撒些盐，并将其存放在冰箱中，就可以制作出味道鲜美的咸软猪肉。

> **关于盐**
>
> 盐可能是最原始的调味料。不仅海水中有盐，温泉水和山泉水中也有盐。据说古代人是跟随动物的足迹找到了有盐的地方。盐可以阻止导致食品变质的有害菌入侵，还可以增强发酵菌的活跃度。可以说盐是食物保存的根本要素。

■ 咸猪肉的制作方法 ■

【材料】　猪里脊肉（切块）… 500克　　盐… 2小勺

1) 用厨房用纸擦去猪肉表面的水，并撒上盐。

2) 用另一张厨房用纸包裹住猪肉，吸收猪肉中流出的水。

3) 用保鲜膜将猪肉紧紧包好，放入塑料袋中，保存在冰箱冷藏。

4) 当流出肉汁时，更换厨房用纸。写上日期的话会更方便。

■ 咸猪肉的食用方法 ■

猪肉里流出来的

肉的颜色变深

烤时不放油

　　煎咸猪肉：在第三天取出，将做好的咸猪肉切成所需厚度，放入平底锅中，不用加油，用中小火直接煎。等猪肉四周发白，出猪油时，将其翻面并煎至呈棕色。食用时，能感受到熟成肉的柔软口感。最多可以吃一周左右。虽然个人口味有所不同，但放置一周后会比在第三天吃的口感更加醇厚。撒上黑胡椒，再配上葱碎，简直是人间美味。

　　炖咸猪肉和根类蔬菜：根类蔬菜煮好后，加入煎好的咸猪肉，炖制，最后加盐调味，也是人间美味。

　　煮咸猪肉：将猪肉块与酒、生姜、葱叶等一起用水煮沸（沸腾后用小火煮30～40分钟），然后冷却。切成薄片，与配料一起蘸着芥末酱油食用。煮猪肉的汁还可做汤。